斜坡地貌地质致灾性滑坡灾害防治体系研究

王步新　牛桂林　吴　竞◎著

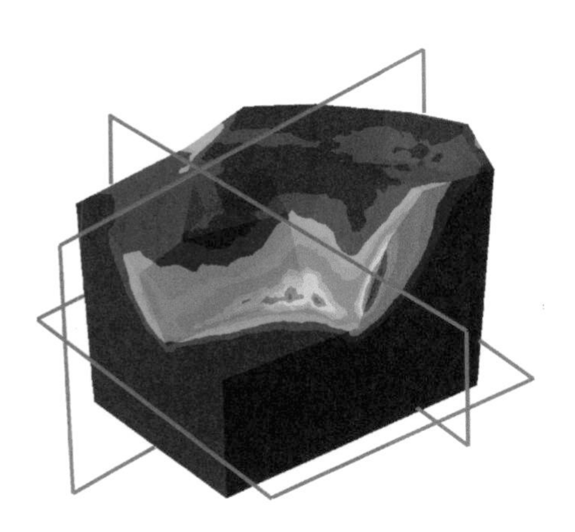

内容简介

本书论述了南水北调中线干线的边坡和岗头隧洞塌方问题，探讨了气候变化及暴雨引发的地质滑坡灾害；分析了断层破碎带对隧洞稳定性的影响和范围及施工的处理措施。介绍了不同地质破碎带对隧洞进口段稳定性的影响和范围；采用三维有限元法进行模拟，探究安全系数对黏聚力以及内摩擦角的敏感性、抗剪强度参数对滑动面的位置以及面积的影响。

本书可供从事水利水电工程地质、设计、施工、科研等科技人员学习，亦可作为高等院校相关师生参考。

图书在版编目（CIP）数据

斜坡地貌地质致灾性滑坡灾害防治体系研究 / 王步新，牛桂林，吴竞著. -- 北京 : 气象出版社，2021.12
ISBN 978-7-5029-7619-4

Ⅰ. ①斜… Ⅱ. ①王… ②牛… ③吴… Ⅲ. ①滑坡—灾害防治—研究 Ⅳ. ①P642.22

中国版本图书馆CIP数据核字(2021)第248435号

斜坡地貌地质致灾性滑坡灾害防治体系研究

Xiepo Dimao Dizhi Zhizaixing Huapo Zaihai Fangzhi Tixi Yanjiu

王步新　牛桂林　吴　竞　著

出版发行：气象出版社
地　　址：北京市海淀区中关村南大街46号　　邮政编码：100081
电　　话：010-68407112(总编室)　010-68408042(发行部)
网　　址：http://www.qxcbs.com　　E-mail：qxcbs@cma.gov.cn
责任编辑：万　峰　　终　　审：吴晓鹏
责任校对：张硕杰　　责任技编：赵相宁
封面设计：楠竹文化
印　　刷：北京建宏印刷有限公司
开　　本：710 mm×1000 mm　1/16　　印　　张：4.75
字　　数：83千字
版　　次：2021年12月第1版　　印　　次：2021年12月第1次印刷
定　　价：49.00元

《斜坡地貌地质致灾性滑坡灾害防治体系研究》

编 写 组

组　　长： 王步新　牛桂林　吴　竞

副 组 长： 谢子书　刘　勇

参编人员： 王步新　牛桂林　吴　竞　谢子书　刘　勇
夏宇翔　徐友奇　刘修水　苗鑫森　曹华音
易宝龙　杨　璐　陈正岩　贾朝阳　赵　旭
周亚岐　孙焕芳　毕东华　梁发彪　张海涛
徐世宾　李　光　任春磊　李珊珊　白　朋
李晓羽　刘　垒　梁　艳　杨　倩　白依文
李文英

前　言

近年来，全球气候变暖导致一系列的生态环境变化，已成为当今世界性的关注焦点问题，特别是气候变化引起的地质滑坡灾害，已引起国家相关部门的关注。目前，有关暴雨引发的地质灾害研究，多为产生灾害性的事后现象剖析，尚无全面性的、针对性的综合研究。所以，研究“地质地貌致灾性滑坡灾害”既是我国新世纪面临的重要历史任务，更是影响经济社会与环境协调发展的重大科研课题。

边坡稳定问题，一直是岩土工程领域研究的主要课题之一，边坡稳定与否，关系到人身安全和财产安全。从国内外研究发展现状来看，在边坡稳定性评价方面，地理信息系统(GIS)技术得到了广泛的应用。国外对于斜坡稳定性的评价研究开始较早，20 世纪 60—80 年代就有国外学者利用数学模型对滑坡灾害危险性及斜坡稳定性进行区划。我国对于斜坡稳定性评价的研究开始较晚，仅有 30 多年的历史，而对于国外 20 世纪 90 年代开始在斜坡稳定性研究中应用的 GIS 技术，则是进入 21 世纪以后才得到广泛关注的。如今利用 GIS 技术对斜坡稳定性进行评价的方法主要以定性评价为主，即选取多个影响斜坡稳定性的因子构成一套指标体系(岩石体性质、坡度、降雨量等)，再将这些因子进行一定的处理(定量化处理、归一化处理、分级处理等)，最终将处理好的图层在 GIS 技术终端利用一些数学模型进行叠加，从而得到滑坡危险性的预测结果。这种方法可以对整个区域进行整体评价，且易于实现，因此得到了广泛的应用并取得了一定成果。

然而，定性评价方法有其固有的缺陷，例如，无法形成统一的标准，不同区域有各自不同的指标体系，以及不同的量化分类规则。结合稳定性力学分析，定量评价方法能在一定程度上弥补定性评价方法的缺陷和不足，但这方面的研究还较少，尚处于起步阶段。特别是，此项技术在国内起步较晚，国内目前只对部分典型地区做过此类研究，如汶川地区、三峡库区、黄土高原地区等，但对河北省山区、南水北调中线地区等斜坡稳定性并没有典型、成熟的评价方法。

在地质灾害预警方面，美国从1985年就开始对地质灾害的预警预报开展研究工作，20世纪80年代即在旧金山湾、夏威夷、弗吉尼亚州等地建立了地质灾害实时预警预报的研究，而我国在地质灾害方面的研究较晚，2003年国土资源部和中国气象局联合进行降雨型突发地质灾害的预警预报工作。近年来，我国许多学者对区域性的降雨型地质灾害预警预报做了较多研究。他们采用的方法归纳起来有：地貌分析—临界降雨量模板判据法、气象—地质环境要素叠加统计法、地质灾害致灾因素的概率量化模型、地质灾害预报指数法、降雨量等级指数法等。但由于我国的研究工作开展较晚，在地质灾害预警预报研究方面，收集到的资料、采用的科学方法以及论证方面仍然相对薄弱，预警预报精度和准确性均有待提高。因此，在研究方面取得的成果并不理想。

目前国内外多以研究二维边坡为主，三维边坡的研究开展较少，但实际过程中，边坡破坏大多呈现三维形态，二维边坡稳定性研究无法真实反映实际的边坡状态和失稳过程，所以三维边坡的研究在安全评估和加固设计中更具有现实意义。因此，采用三维有限元法进行模拟，结合强度折减法，分析边坡的稳定性，探究安全系数对黏聚力和内摩擦角的敏感性；研究抗剪强度参数对于滑动面的位置以及面积的影响。

该结果对于边坡稳定性研究方法上，对衔接计算方法都进行了完善，形成了较完整的斜坡地貌稳定性及滑坡型地质灾害防治体系研究方法，提供具有关键性的创新和科学依据。不仅对南水北调中线调水工程边坡稳定具有重大的指导意义，提升了对斜坡地貌稳定性及滑坡型地质灾害防治体系理论与技术上的研究水平，而且对类似输水地区、大中型水库边坡地质稳定性亦可提供可借鉴的经验与技术。因此，研究成果具有广阔的推广应用前景。

本书编写是我们近年来对南水北调中线干线工程边坡滑坡研究实践活动的忠实记录，系统地总结了在长距离输水过程中复杂的地质条件下，对滑坡灾害防治体系关键技术问题开展的多方面实验研究工作。由于本书涉及专业众多，编写错误和不当之处，敬请同行专家和广大读者赐教指正。

本书在编写过程中，得到了茆智院士、杜彦良院士的大力支持和指导，在此深表崇高的谢意！

作　者

2021年1月

Preface

In recent years, a series of the ecological environment changes, which due to global warming, has become the focus of worldwide attention today. Specially, the geological landslide disaster caused by climate change has attracted the attention of the relevant departments of the country. At present, correlational research on geological disasters as a result of rainstorm mostly focused on the analysis of disaster phenomenon, and there is no comprehensive and targeted comprehensive research. Therefore, the research of "geological landform disaster-causing landslide disaster" is not only an important historical task facing China in the new century, but also a major scientific research topic affecting the coordinated development of the economy, society and the environment.

Slope stability , which is related to personal safety and property safety, has always been one of the main topics in the field of geotechnical engineering. From the perspective ofresearch development status in domestic and foreign, the geographic information system (GIS) technology has been widely used in the slope stability evaluation. The evaluation of slope stability began earlier in foreign countries, foreign scholars used mathematical models to classify the landslide disaster risk and slope stability from the 1960s to 1980s. The study of slope stability evaluation started late in China, with a history of only more than 30 years. As for the GIS technology, which has been applied in the study of slope stability since the 1990s in foreign countries, it has not been widely concerned until the 21st century in China. Nowadays, the evaluation of slope stability using GIS technology is mainly qualitative evaluation. Multiple factors affecting the stability of the slope are selected to form a set of index system (rock properties, slope, rainfall, etc.), and these factors are then processed to some extent (quantitative treatment, normalized treatment, hierarchical treatment, etc.). Finally, the processed layers will be superimposed at the GIS technology terminal using some mathematical models, so as to obtain the prediction results of the landslide risk. This approach can enable overall evaluation of the whole region and is easy to implement, which has been widely used and achieved certain results.

However, qualitative evaluation methods have their inherent drawbacks, for example, the inability to form uniform criteria, different regions have their own different index systems, and different quantitative classification rules. Combined with the stability mechanical analysis, the quantitative evaluation method can make up for the deficiencies of the qualitative evaluation method to a certain extent. But there is still less research in this aspect, and it is still in its infancy. In particular, this technology started late in China. At present, only such research has been done on some typical areas in China, such as Wenchuan area, Three Gorges Reservoir Area and Loess Plateau area, but there is no typical and mature evaluation method for the slope stability of the mountainous area of Hebei Province and the middle route of the South-to-North Water Diversion Project.

In terms of geological disaster warning, the United States began to carry out research on geological disaster warning and forecast in 1985. In the 20th century, real-time early-forecast geological disaster warning research was established in San Francisco Bay, Hawaii and Virginia. However, the study of geological disasters in China was late. In 2003, the Ministry of Land and Resources and the China Meteorological Administration jointly carried out the early warning and forecast work of rainfall-type sudden geological disasters. In recent years, many Chinese scholars have done more research on the early warning and forecast of regional rainfall-type geological disasters. The methods they adopted are summarized as: geomorphological analysis-critical precipitation template criterion method, superposition statistical method of meteorological-geological environment elements, probability quantification model of geological disaster disaster factors, geological disaster forecast index method, rainfall level index method, etc. However, due to the late development of research work in China, in terms of geological disaster early warning and forecast research, the data collected, the scientific methods adopted, and the demonstration are still relatively weak. The precision and accuracy of early warning and forecast need to be improved. Therefore, the results achieved in research are not ideal.

At present, two-dimensional (2D) slope is mainly studied at home and abroad, while three-dimensional (3D) slope is seldom studied. However, in the actual process, most of the slope failure mostly presents a 3 D form, 2D slope stability research cannot truly reflect the actual slope state and instability process, so the 3 D sloperesearch has more realistic meaning in the safety assessment and reinforcement design. Therefore, the 3D finite element method is used to simulate the slope stability, combined with the strength reduction method, and explore the sensitivity of the safety factor to cohesion and internal friction Angle. The influence of shear strength parameters on the position and area of sliding surface was studied.

The resultshave improved the research method of slope stability and the connection calculation method, and formed a relatively complete research method of slope geomorphological stability and landslide geological disaster prevention system, and provided a key innovation and scientific basis. It is not only of great guiding significance for slope stability of the middle route of the South-to-North Water Diversion Project, but also improves the research level of the theory and technology of slope landform stability and landslide geological disaster prevention system. Besides, the results provide reference experience and technology for slope geological stability of similar water diversion areas and large and medium-sized reservoirs. Therefore, the research results have broad prospects for popularization and application.

The compilation of this book is a faithful record ofour research and practice of the slope landslide in the middle route of the South-to-North Water Diversion

Project in recent years. The key technical problems of landslide disaster prevention system under complicated geological conditions in long-distance water transport are better summarized and various experimental research works are carried out. For the reason that the book involves numerous professional knowledge, please peer experts and the vast number of readers give advice on the compilation of mistakes and improper place.

In the process of writing this book, got MAO Zhi academician, Du Yanliang academician of the strong support and guidance. Here we express ourdeep lofty gratitude!

The editor

In January 2021

目　录

前言

第 1 章　项目概况 …… 001

1.1　南水北调中线工程简介 …… 001
1.2　背景和意义 …… 001
1.3　国内外研究现状及发展趋势 …… 003
1.4　中线澧河段研究概况 …… 004
1.5　项目主要内容 …… 007

第 2 章　三维边坡稳定性研究 …… 008

2.1　边坡稳定性分析方法 …… 008
2.2　边坡工程概况 …… 009
2.3　模型描述 …… 011
2.4　有限元计算 …… 012
2.5　结果分析 …… 013
2.6　抗滑桩加固边坡稳定性分析 …… 023

第 3 章　非均匀边坡稳定性研究 …… 028

3.1　模型描述 …… 028
3.2　有限元计算及结果对比分析 …… 031

第 4 章　降雨入渗诱发工程地质问题研究 …… 033

4.1　工程背景 …… 033
4.2　研究内容 …… 034

4.3 结果分析 …… 037

第5章 隧洞塌方问题研究 …… 042

5.1 工程背景概述 …… 042
5.2 问题描述 …… 042
5.3 塌方原因研判 …… 045
5.4 数值模拟 …… 046
5.5 隧洞塌方处理方案 …… 054

第6章 综合结论 …… 058

主要参考文献 …… 060

第1章　项目概况

1.1　南水北调中线工程简介

南水北调中线干线工程是国家南水北调工程的重要组成部分；是缓解中国黄淮海平原水资源严重短缺、优化配置水资源的重大战略基础性设施；是关系到受水区河南、河北、天津、北京4个省(直辖市)经济社会可持续发展和子孙后代福祉的重大项目。

南水北调中线一期工程从加坝扩容后的丹江口水库引水，沿线开挖渠道，经唐白河流域西部，过长江流域与淮河流域的分水岭方城垭口，沿黄淮海平原西部边缘，在郑州以西的李村附近穿过黄河，沿京广铁路西侧北上，可基本自流到北京、天津。输水干线全长1432 km(其中天津输水干线156 km)。规划分两期实施，先期实施中线一期工程，多年平均年调水量95亿 m^3，向华北平原北京、天津在内的19个大中城市及100多个县(县级市)提供生活、工业用水，兼顾农业用水。

中线总干渠特点是规模大、渠线长、建筑物样式多、交叉建筑物多，总干渠呈南高北低之势，具有自流输水和供水的优越条件。以明渠输水方式为主，局部采用管涵过水。渠首设计流量350 m^3/s，加大流量420 m^3/s。

南水北调中线工程示意图见图1.1。

1.2　背景和意义

《河北省气象事业发展“十三五”规划》显示，河北省每年的气象灾害损失严重，每年直接受灾人口都在2000万次以上，年度经济损失占GDP总量的1%左右。河北省受温带季风气候的影响，并有西南—东北向的太行山脉阻断，其东部地区降水量大且集中，导致山洪灾害严重，且暴雨成为引起山体滑坡的最关键诱

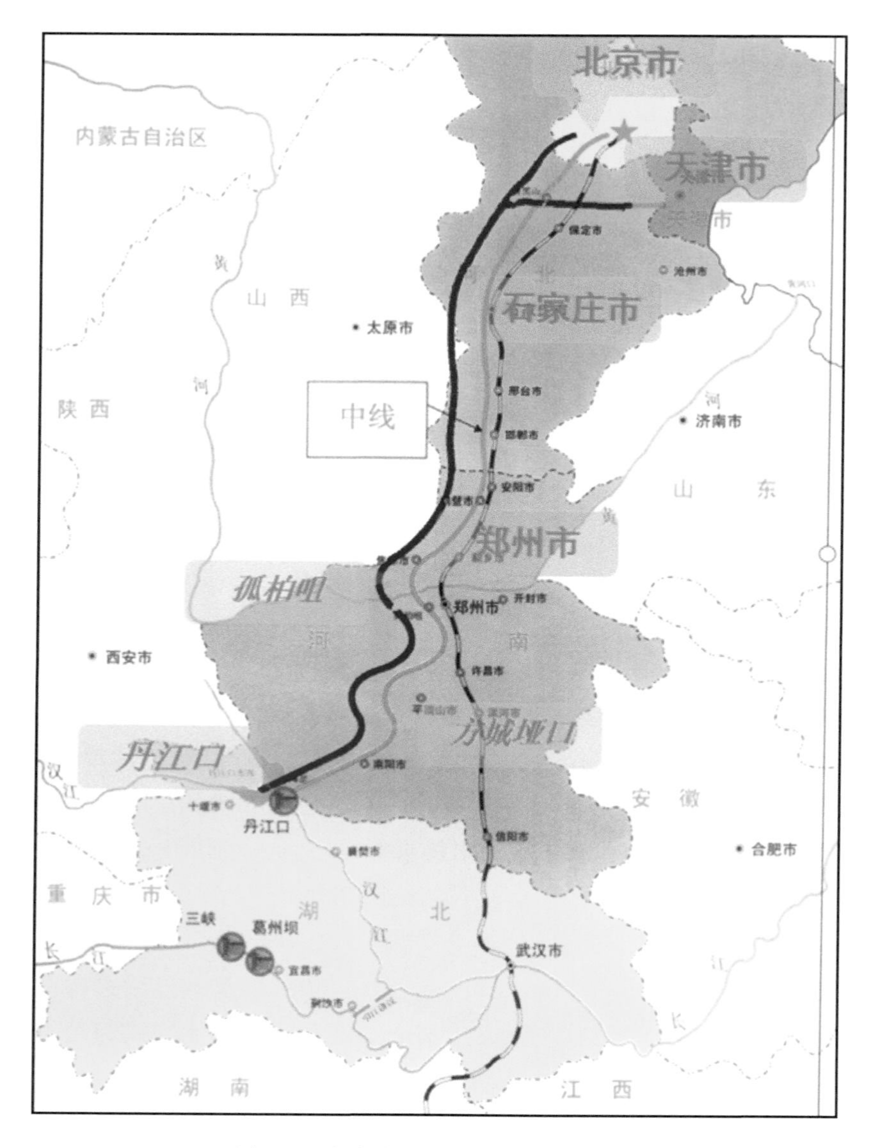

图 1.1　南水北调中线工程线路示意图

因。“十三五”规划的主要任务中，加强气象防灾减灾能力建设是重中之重，其中包括山洪地质灾害的预警服务。“十三五”规划的重点工程项目中，气象灾害监测预警工程是最重大、投资最多的项目，总投资 6.9 亿元。

南水北调中线工程是缓解华北地区水资源严重短缺、优化配置水资源的重大战略基础性设施。由于中线工程类型多样，且部分穿越工程施工工艺复杂，因此影响安全因素多。因为中线工程土壤地质条件复杂，主要有黏土、粉土、沙土等土层，以及特殊的膨胀土（膨胀岩）、湿陷性黄土等，所以对其工程稳定性提出较高的要求。

结合具体工程实例，该工程依托于河北省南水北调中线干线边坡地质滑坡防护工程，对河北省典型基质土壤进行调查，将基质土壤参数化，并结合具体施工情况研究斜坡地貌稳定性分析方法，订正参数；通过试验验证斜坡地貌稳定性力学模型，建立可反映水动力、地表动力、地下水动力条件下的斜坡地貌运动过程及斜坡地貌地质灾害形成过程的数学模型；提出斜坡地貌地质灾害的防治措施；通过收集资料，选取适当参数，建立数学模型，研究施工过程中土体扰动范围，地层变形规律，并进行相关地质灾害的危险性预测，以便指导今后的斜坡施工、山区建设用地选址，减少由于降雨导致突发地质灾害所带来的经济损失。

1.3 国内外研究现状及发展趋势

在斜坡稳定性评价方面，地理信息系统（GIS）技术得到了广泛的应用。国外对于斜坡稳定性评价的研究开始较早，早在20世纪60—80年代就有国外学者利用一些数学模型对滑坡灾害危险性及斜坡稳定性进行区划。中国对于斜坡稳定性评价的研究开始较晚，仅有30多年的历史，而对于国外20世纪90年代开始在斜坡稳定性研究中应用的GIS技术，则是进入21世纪以后才得到广泛关注。如今利用GIS技术对斜坡稳定性进行评价的方法主要以定性评价为主，即选取多个影响斜坡稳定性的因子构成一套指标体系（岩石体性质、坡度、降雨量等），再将这些因子进行一定的处理（定量化处理、归一化处理、分级处理等），最终将处理好的图层在GIS技术终端利用一些数学模型进行叠加，从而得到滑坡灾害危险性的预测结果。这种方法可以对整个区域进行整体评价，且易于实现，因此得到了广泛的应用并取得了一定成果。

然而，定性评价方法有其固有的缺陷，例如，无法形成统一的标准，不同区域有各自不同的指标体系，以及不同的量化分类规则。结合稳定性力学分析，定量评价方法能在一定程度上弥补定性评价方法的缺陷和不足，但这方面的研究还较少，尚处于起步阶段。特别是，此项技术在国内起步较晚，国内目前只对部分典型地区做过此类研究，如汶川地区、三峡库区、黄土高原地区等，但对河北省地区的斜坡稳定性并没有典型、成熟的评价方法。

在地质灾害预警方面，美国从1985年就开始对地质灾害的预警预报开展研究工作，20世纪80年代即在旧金山湾、夏威夷、弗吉尼亚州等地建立了地质灾害实时预警预报系统。20世纪70年代,日本也开始着手进行地质灾害的预警预报的研究。而中国在地质灾害研究方面开展较晚,2003年我国的国土资源部和中国气象局正式联合进行降雨型突发地质灾害的预警预报工作。近年来,中国许多学者对区域性的降雨型地质灾害预警预报做了较多研究。他们采用的方法归纳起来有:地貌分析—临界降雨量模板判据法、气象—地质环境要素叠加统计法、地质灾害致灾因素的概率量化模型、地质灾害预报指数法、降雨量等级指数法等。但由于我国的研究工作开展较晚,在地质灾害预警研究方面,收集到的资料、采用的科学方法以及论证方面仍然相对薄弱,预警预报精度和准确性均有待提高。因此,在研究方面取得的成果并不理想。

1.4 中线漕河段研究概况

1.4.1 中线漕河段工程概况

中线漕河段工程位于河北省保定满城区与顺平县,属于南水北调中线漕河段应急供水工程的一部分,总干渠漕河段是南水北调中线工程京石段应急供水工程的重要渠段。其中设计流量125 m^3/s,加大流量150 m^3/s。吴庄隧洞、漕河渡槽(含退水闸)、岗头隧洞、渠道工程是总干渠上的主要输水建筑物,其建筑物级别为1级。

图1.2为岗头隧洞斜坡工程图。漕河渡槽设计洪水标准为100年一遇,校核洪水标准为300年一遇;本区地震动峰值加速度为0.05g,地震动反应谱特征周期为0.45 s,相当于地震基本烈度为6度,建筑物地震设防烈度为6度。

(a) 建成前岗头隧洞进口段

(b) 建成后岗头隧洞进口段

图1.2 岗头隧洞斜坡工程图

1.4.2 水文气象

漕河流域属暖温带大陆性季风气候区，四季分明，春季干旱多风，夏季炎热多雨，秋季时日短促，冬季寒冷干燥，据资料统计，80%的降雨集中在夏季，多以暴雨形式出现。极端最低气温－23.4℃，最高气温40.4℃。多年平均日照时数2711 h。多年平均风速2.2 m/s，最大风速18 m/s，风向为NW(西北)。平均无霜冻期191 d。最大冻土深度66 cm。隧洞岗头段地下水均处于开挖高程以下，只有少量的基岩裂隙水存在。在雨季，隧洞有的地段地表裂隙水沿节理或破碎带渗透到洞内，主要形式为滴水，水量较小。地下水位高程约在50 m，隧洞进出口高程70 m以下岩石为微—中等透水，岩石透水率为0.22～0.64 Lu，隧洞进出口高程70 m以上为中等较严重透水。地下水对混凝土不具腐蚀性。

1.4.3 斜坡工程地质

(1)地形地貌：斜坡地处太行山东麓丘陵的前缘，所处山体山势进口陡，出口缓，进出口高程相差115～220 m，进口段山体坡度一般为31°，局部可达40°以上，出口段较缓，总体坡度为22°，斜坡两侧各有一条大冲沟，沟长33～500 m，呈“U”型(图1.3)。

图1.3 斜坡工程地质

(2)地质结构：工程区多属残丘、孤山，斜坡地质结构为上碎石土下基岩土岩双层结构，其地表为人工堆积碎石层，厚度3～10 m，下覆为强—弱风化的燧石条带白云岩。斜坡岩层较为发育，存在辉绿岩脉，地质条件比较差，岩性为蓟县系雾迷山组第三段燧石条带白云岩，呈弱风化—微风化，斜坡岩层大部为Ⅱ、Ⅲ类围岩，地表为黄土状壤土，厚度较薄，最厚为8 m，下覆为强—弱风化的燧石条带白云岩。岗头隧洞岩石物理力学参数建议表见表1.1。

表 1.1　岗头隧洞岩石物理性质参数建议表

时代岩性			燧石条带白云岩			
风化程度			弱风化		微风化	
			进口	出口	进口	出口
物理性质	比重		2.82	2.83	2.83	2.80
	重度/($kN \cdot m^{-3}$)		28.0	27.5	28.0	27.5
	吸水率/%		0.22	0.40	0.22	0.25
	饱和吸水率/%		0.24	0.42	0.24	0.36
	开型孔隙/%		0.60	1.10	0.60	0.62
力学性质	抗压强度	干/MPa	50.0～100.0	65.0	70.0～110.0	90.0
		饱和/MPa	45.0～80.0	50.0	60.0～90.0	65.0
	饱和抗拉强度/MPa		7.5	—	7.8	7.5
	饱和抗剪强度	内摩擦角 φ/°	35～45	30～45	—	—
		黏聚力 c/MPa	0.3～0.4	0.4～0.5	—	—
弹性模量 E/10^4 MPa			9.0	5.0	7.2	7.1
泊松比 v			0.25	0.23	0.20	0.20
软化系数			0.8	0.8	0.8	0.8

(3)水文地质：地下水均处于开挖高程以下，一般地下水不是很大，但可能上层滞水，只有少量的基岩裂隙水存在。在雨季，隧洞有的地段地表裂隙水沿节理或破碎带渗透到洞内，主要形式为滴水，水量较小。地下水位高程约在 50 m，隧洞进出口高程 70 m 以下岩石为微—中等透水，岩石透水率为 0.22～0.64 Lu，隧洞进出口高程 70 m 以上为中等较严重透水。图 1.4 为降雨渗透对护坡破坏情况。

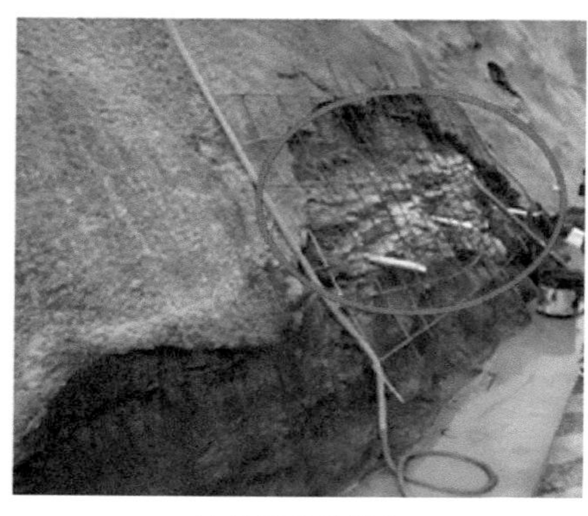

(a) 边坡块体脱落

(b) 边坡块体崩裂

图 1.4　降雨渗透对护坡的破坏情况

1.5 项目主要内容

(1)针对岗头隧洞进口段边坡工程,采用有限元方法对实际边坡建模进行数值模拟。在模型中引入软弱夹层,以模拟真实的边坡工程,结合强度折减法求解出边坡的安全系数作为评价边坡稳定性的指标。利用参数分析,考虑软弱夹层、抗剪强度参数等因素对边坡稳定性的影响。同时,进一步研究了抗滑桩加固的位置及其有效桩长对提高边坡稳定性的效果。

(2)构建降雨入渗条件下的三维边坡模型,选取 3 个典型剖面分别进行有限元分析计算,研究降雨入渗对岗头隧洞边坡的稳定性及渗流场的影响,深入探讨降雨对软弱夹层失稳导致泥石流的深层机理,探索边坡失稳的内在原因。

(3)在三维边坡模型的基础上,采用随机有限元方法,考虑了土体的非均质特性对边坡安全稳定系数及滑坡体积的影响,并与定性分析结果进行对比,为有效评估滑坡风险提供了有力依据。

(4)以中线岗头隧洞进口段塌方事故为例,从地质条件、降雨入渗以及施工条件等方面具体分析塌方原因,通过查看塌方现场,提出防水措施、预加固措施、塌方体监测、塌方体开挖、支护措施和隧洞突水处理等拟解决方案。同时,通过对含破碎带典型剖面建立有限元模型,分析了破碎带数量及其相对于隧洞洞口的位置对隧洞围岩整体稳定性的影响,结合计算结果给出了加固建议。

第2章　三维边坡稳定性研究

2.1　边坡稳定性分析方法

边坡失稳问题一直是岩土工程领域研究的重要课题之一，边坡的稳定与否关系到人身安危和财产安全。目前国内外多以研究二维边坡为主，三维边坡的研究开展较少，但实际过程中，边坡破坏大多呈现三维形态，二维边坡稳定性研究无法真实反映实际的边坡状态和失稳过程，因而三维边坡稳定性研究在安全评估和加固设计中更具有现实意义。

考虑研究二维边坡可能会导致较为保守的结果，并且三维边坡更能从滑移面的形状、位置和长度等方面更真实地反映边坡的破坏机理，因此，有必要开展三维边坡稳定性的研究。

本项目以三维边坡为例，考虑非均质土对稳定性的影响，探究三维边坡失稳问题的风险评估，对实际工程问题具有一定的指导意义。

极限平衡法和有限元法为目前边坡稳定性问题主要研究方法。

(1)极限平衡法利用安全系数来评价边坡的稳定性，原理简单，物理意义明确，安全系数是评估边坡稳定的最直接、最常用的指标。

(2)有限元法则通过边坡的位移场、应力场等来间接评估边坡稳定性，强度折减法在有限元中实现，可以直接得到安全系数，既保留了有限元在模拟复杂边坡问题上的优点，又可以直接求解出具有明确物理意义的安全系数，故而有限元与强度折减法的结合运用越加广泛地受到工程界的认可和接受。

本章针对岗头隧洞进口段实际工程，采用三维有限元方法进行模拟，结合强度折减法分析边坡的稳定性，对比分析了有无软弱夹层对边坡稳定性的影响，探究安全系数对黏聚力和内摩擦角的敏感性，研究抗剪强度参数对于滑动面的位置以及面积的影响。该结果对于边坡稳定性研究具有更直观的指导意义。

2.2 边坡工程概况

岗头隧洞是南水北调中线漕河段上主要的输水建筑物，其建筑物级别为 1 级，岗头隧洞进口地貌如图 2.1 所示。隧洞进口为上碎石土、下基岩的土岩双层结构，岗头隧洞进口地质构造如图 2.2 所示。本次分析所选择区域为岗头隧洞进口闸旁侧的复杂边坡，岗头隧洞进口段建模分析区域如图 2.3 所示。该边坡为土岩双层结构，地表为人工堆积碎石层，基岩为燧石条带白云岩，存在辉绿岩脉和断层破碎带，节理裂隙发育，地质条件较差，具体如表 2.1 所示。

(a) 岗头隧洞进口施工期

(b) 岗头隧洞进口建成后

图 2.1 岗头隧洞进口地貌

(a) 隧洞进口段夹泥裂隙

(b) 隧洞进口段破碎带

图 2.2 岗头隧洞进口地质构造

表 2.1 岗头隧洞旁侧复杂边坡地质构造

构造名称	走向	倾角/°	宽深/m	描述
破碎带	NE65°	82	宽 2 m，深 1 m	内部为红黏土或碎石
节理	NE25°	25°	宽 3 m，深 1.5 m	内部为夹泥或泥膜
裂隙	NE70°	70°	宽 0.5 m，深 0.5 m	内部为夹泥或泥膜

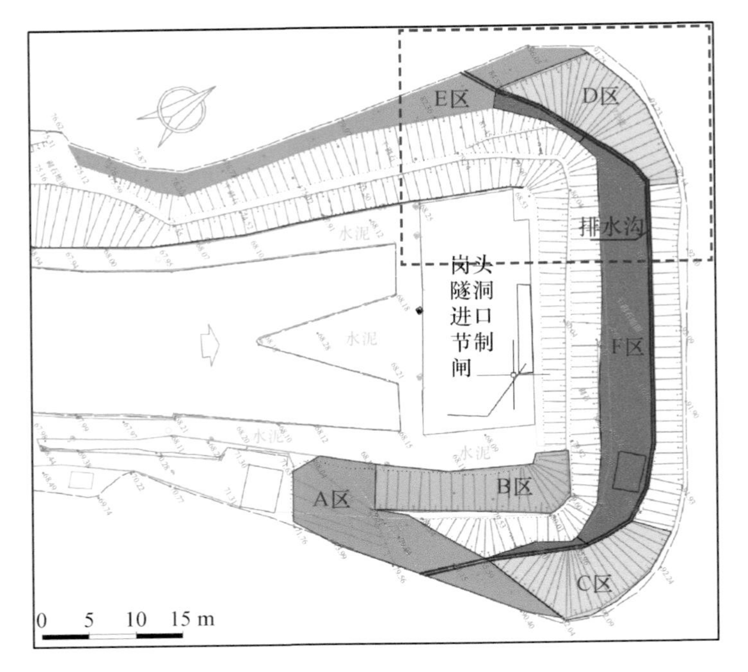

(a) 隧洞进口段平面示意图

(b) 分析区域地理位置

图 2.3 岗头隧洞进口段建模分析区域

本次取该边坡长度 34 m、宽度 49 m、高度 33 m 范围内为本章的分析区域，基于该三维边坡建模，进行边坡稳定性分析。

2.3 模型描述

根据现场工程地质情况和主要的软弱夹层分布，建立三维有限元分析模型，三维模型的几何尺寸为：取岗头隧洞进水闸旁侧长 34 m、宽 49 m、高 33 m 范围内的边坡作为研究对象。建立的三维复杂边坡有限元计算模型如图 2.4 所示。有限元网格单元数为 399611 个，节点数为 73669 个，单元类型采用三维四节点实体单元 C3D4，由于该边坡为土岩双层结构，复杂边坡含软弱夹层分析模型，如图 2.5 所示。岩体和土体的力学参数如表 2.2 所示。模型四周约束边界（X，Y 方向）均为法向支座约束，边坡底面（Z 方向）为完全约束条件。分析步骤分为两步，即荷载步和折减分析步，载荷步施加初始应力分析，折减步进行强度折减，根据折减系数计算得到边坡的安全系数。

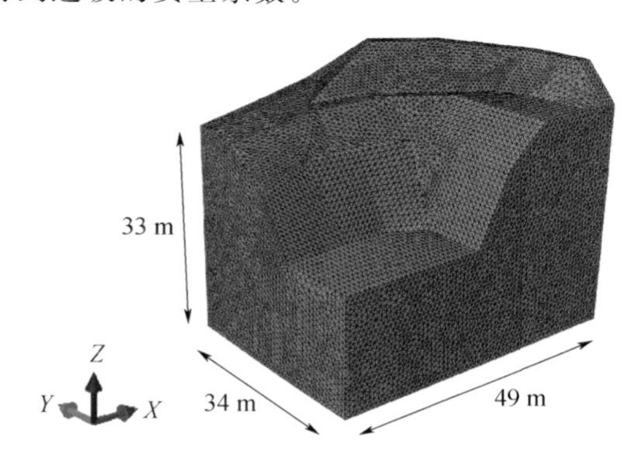

图 2.4　三维复杂边坡有限元计算模型

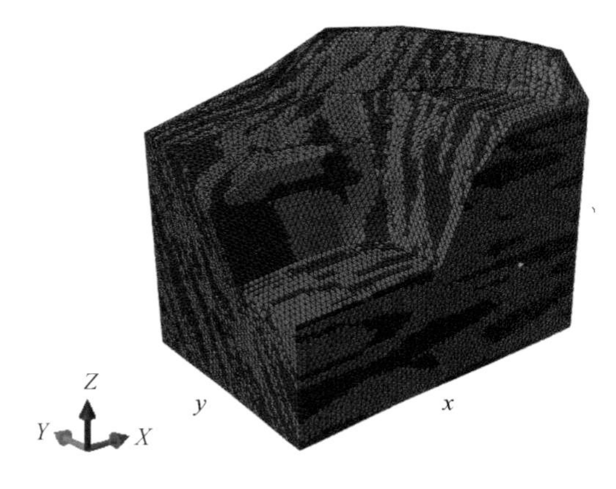

图 2.5　复杂边坡含软弱夹层分析模型

（红色代表岩体，蓝色代表软弱夹层）

表 2.2 岩体和土体基本力学参数

地质材料分类	重度 $\gamma/(\mathrm{kN}\cdot\mathrm{m}^{-3})$	弹性模量 E/GPa	泊松比 v	黏聚力 c/kPa	内摩擦角 $\varphi/^{\circ}$
岩体	28.0	0.002	0.20～0.25	50～100	30～50
土体	18.0	100	0.3	10.73	20

2.4 有限元计算

基于有限元的强度折减法是用于计算边坡安全系数的有效方式之一，这种方法不仅可以确定边坡的安全系数，并能够自动搜寻边坡潜在的破坏位置，因此在边坡的可靠度分析中得到了广泛的应用。该方法通过选用不同的折减系数按照公式(2.1)来降低边坡岩土体的黏聚力和内摩擦角，不断在有限元程序中进行试算，通过不断增加折减系数使得边坡达到“濒临破坏的极限状态”，处于该状态时的折减系数(FOS)即近似为边坡的安全系数。

$$c'=\frac{c}{\mathrm{FOS}},\quad \tan\varphi'=\frac{\tan\varphi}{\mathrm{FOS}} \tag{2.1}$$

式中，FOS 为强度折减系数；c 为黏聚力；φ 为内摩擦角。

对“濒临破坏的极限状态”的认定主要采用以下 3 个判据：

(1)以特征点处的位移(坡顶点竖直方向的位移及坡脚点水平方向的位移)是否突变作为边坡的失稳判据。

(2)以广义塑性应变或者等效塑性应变从坡脚到坡顶贯通作为边坡破坏的标志。

(3)以有限元计算不收敛作为边坡失效的判据。

本节在计算三维边坡的安全系数时，在有限元计算不收敛的前提条件下，观察广义塑性应变或者等效塑性应变云图从坡脚到坡顶是否贯通，作为边坡破坏的标志。有限元的计算迭代过程就是寻找外力和内力达到平衡状态的过程，整个迭代过程直到一个合适的收敛标准得到满足才停止。可见，如果边坡失稳破坏，滑面上将产生没有限制的塑性变形，有限元程序无法从有限元方程组中找到一个既能满足静力平衡又能满足应力—应变关系和强度准则的解，此时不管是从力的收敛标准，还是从位移的收敛标准来判断有限元计算都不收敛。因此本研究选择此项标准判断边坡发生破坏是合理的。

2.5 结果分析

2.5.1 软弱夹层对安全系数的影响

对于前述模型，分别对存在软弱夹层和不存在软弱夹层情况进行计算，得到不存在软弱夹层模型的安全系数为2.28(图2.6)，存在软弱夹层模型的安全系数为1.66(图2.7)。

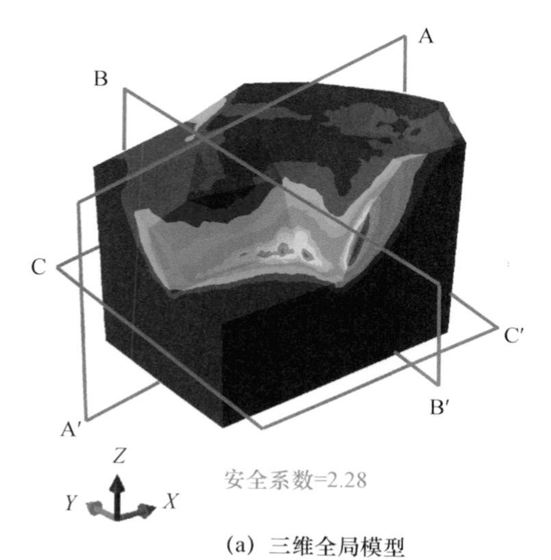

(a) 三维全局模型

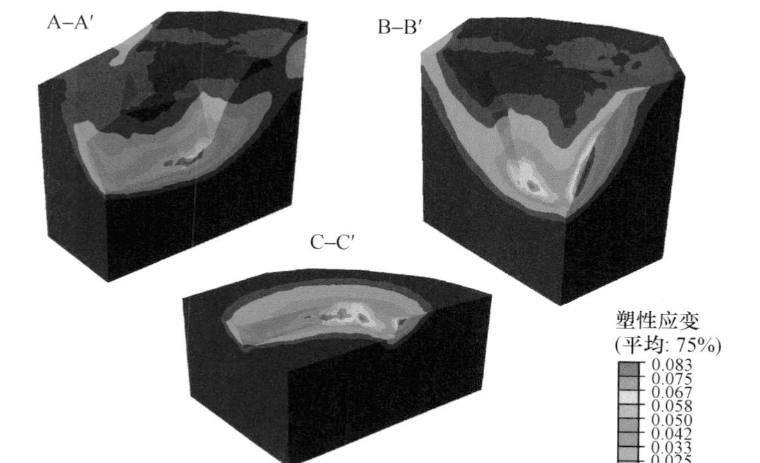

(b) 剖面展示

图2.6 $c=50$ kPa，$\varphi=30°$无软弱夹层的边坡破坏塑性应变云图

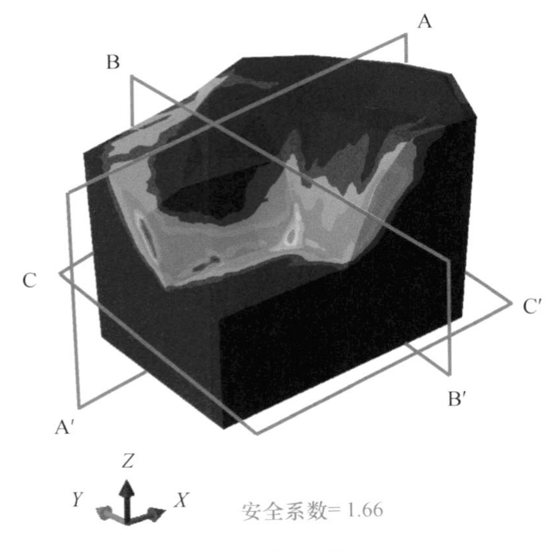

(a) 三维全局模型

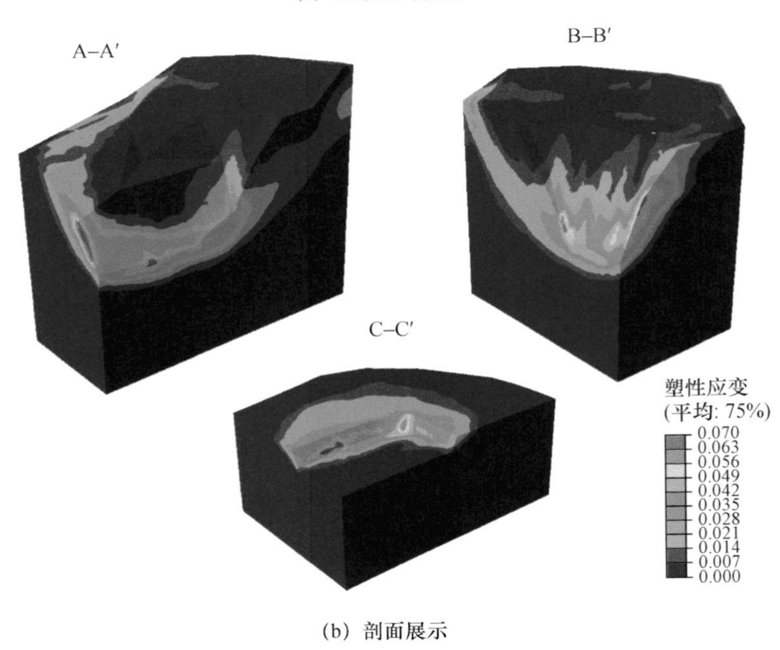

(b) 剖面展示

图 2.7 c=50 kPa,φ= 30°含软弱夹层的边坡破坏塑性应变云图

(1)根据图 2.6 和图 2.7 所示，可以看出，在边坡起伏较大、坡度较陡的地段岩土体首先出现屈服，塑性区由边坡中下部逐渐向上发展，塑性应变从坡脚到坡顶贯通，导致边坡失稳。

(2)从边坡塑性区的发展和滑动面的位置综合判断出该边坡坡脚表面土体为易滑土体，在外力作用下易造成土体失稳，滑体的形状为椭球形。此时，软弱夹层的存在大幅降低了边坡的安全系数，是导致边坡发生破坏的重要因素。同时，在考虑软弱夹层的情况下，边坡发生破坏时，塑性区域的范围及塑性应变均大于不存在软弱夹层的情况。

如图 2.8 和图 2.9 所示，边坡破坏时，总体来看，边坡上部位移(U，单位：m)大于下部位移，同时 Z 方向位移大于另外两个方向位移。当不存在软弱夹层的边坡破坏时，其位移的分布情况比较均匀；存在软弱夹层的边坡，其初始应力场受斜坡软硬夹层结构面影响明显，软弱夹层部分产生应力松弛，岩体具有软硬夹层特征导致位移分布出现不连续变化，在软弱夹层处有着较为明显的位移。

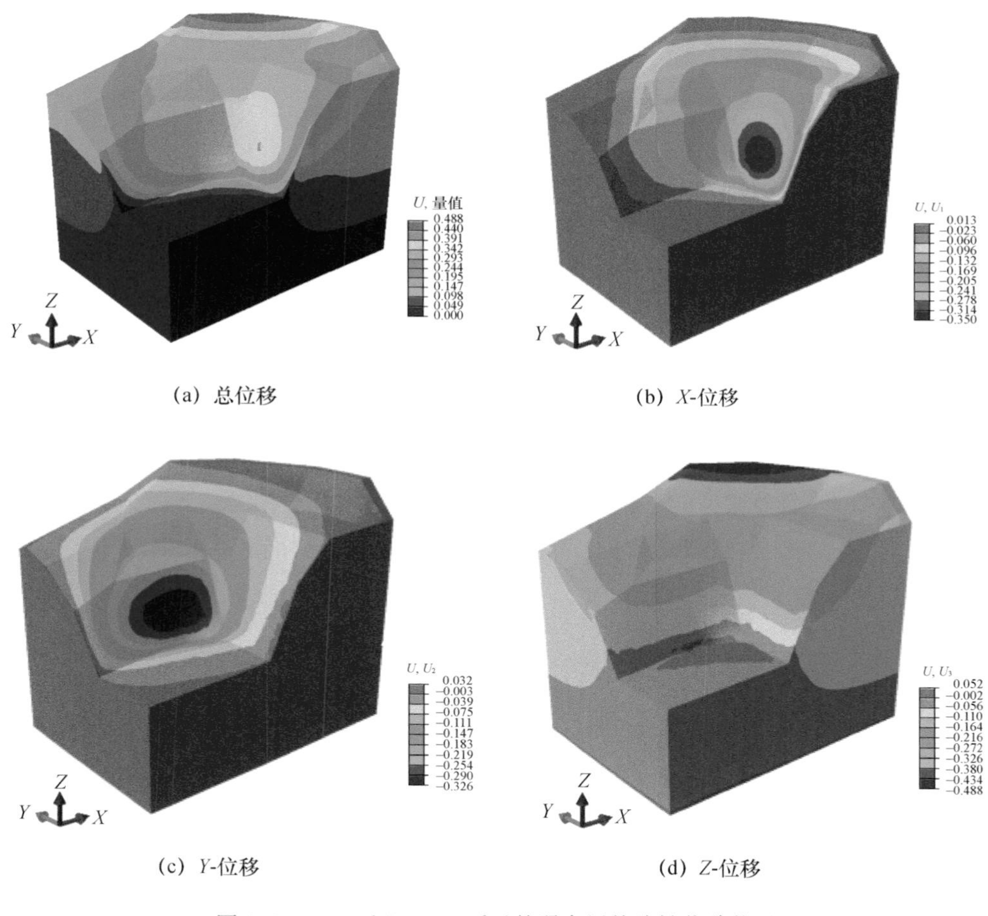

(a) 总位移　(b) X-位移

(c) Y-位移　(d) Z-位移

图 2.8　c=50 kPa，φ=30°无软弱夹层的边坡位移状况

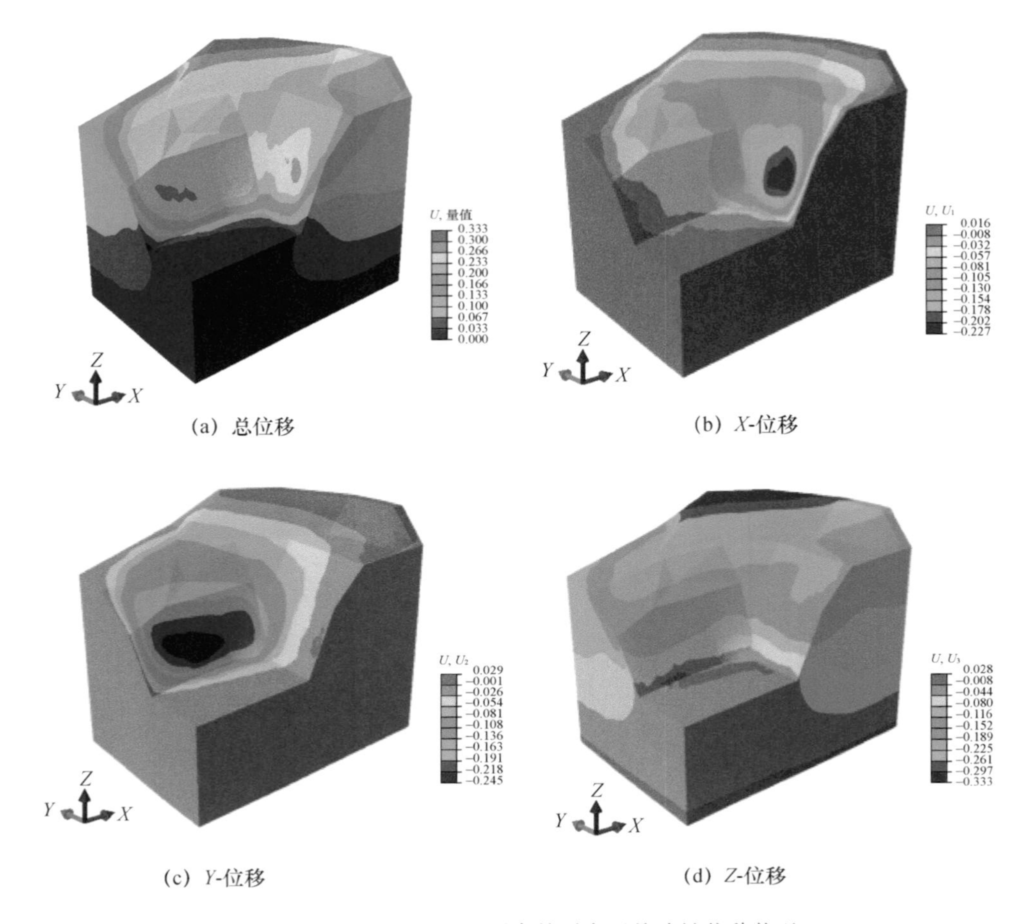

(a) 总位移　　(b) X-位移

(c) Y-位移　　(d) Z-位移

图 2.9　$c=50$ kPa，$\varphi=30°$含软弱夹层的边坡位移状况

综上所述，本边坡为岩土双层结构，地表为人工堆积碎石层，基岩为燧石条带白云岩，存在辉绿岩脉和断层破碎带，节理裂隙发育，地质条件比较差，软弱夹层是引起滑坡的主要因素。

2.5.2　安全系数对强度参数的敏感性分析

由于边坡内部岩土体的强度分布存在不确定性，为了考察边坡的安全系数对土体抗剪强度参数的敏感性，本节针对同一个存在软弱夹层的计算模型将其内摩擦角 φ 取 30°，黏聚力 c 取 50 kPa，60 kPa，70 kPa，80 kPa，90 kPa 和 100 kPa，分别计算其安全系数，两者之间的关系如图 2.10 所示。

由图 2.10 可知，当内摩擦角 $\varphi=30°$时，在黏聚力 $c=50$ kPa 时，其安全系数为 1.66；而当黏聚力 $c=100$ kPa 时，其安全系数为 2.24，两者之间相差为

0.58%。黏聚力是同种物质内部相邻各部分之间的吸引力，这种吸引力越大，为发生塑性应变，外部需要给予的拉力就更大，抗滑力就更大，因此岩土材料的黏聚力对公式(2.1)定义的强度折减法计算结果具有较大的影响，边坡安全系数与岩土体的黏聚力大小呈线性增加的关系。

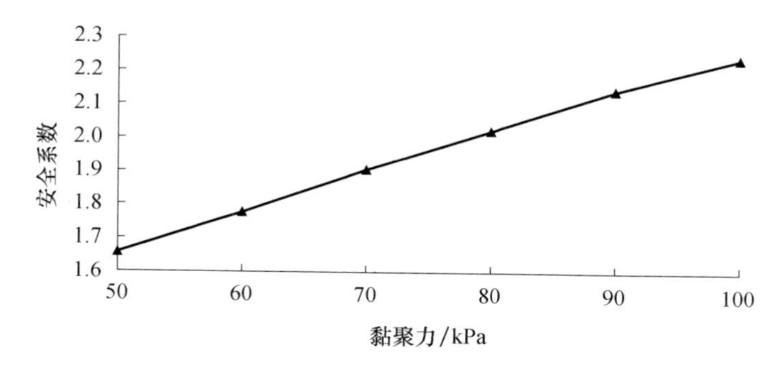

图 2.10　内摩擦角 $\varphi=30°$，安全系数随黏聚力 c 的变化情况

当保持黏聚力 $c=50$ kPa 不变，取 5 个不同的内摩擦角值，即 30°，35°，40°，45°和 50°，两者之间的关系如图 2.11 所示。

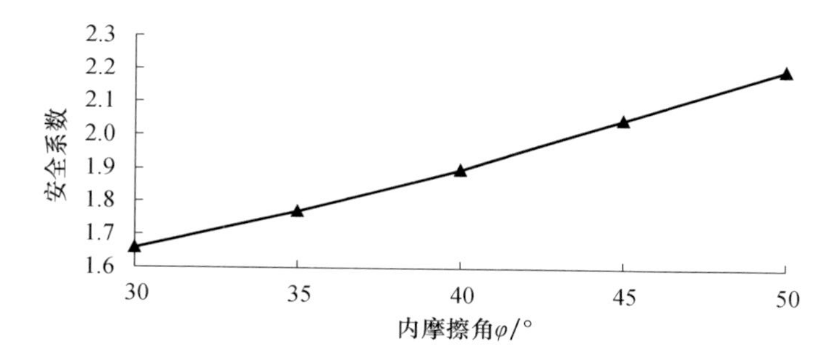

图 2.11　黏聚力 $c=50$ kPa，安全系数随内摩擦角 φ 的变化情况

由图 2.11 可知，当黏聚力 $c=50$ kPa 时，在内摩擦角 $\varphi=30°$时，其安全系数为 1.66；而当内摩擦角 $\varphi=50°$时，其安全系数为 2.20，两者之间相差为 0.54%。内摩擦角代表的是岩土体的内摩擦力，包括岩体和土颗粒表面的摩擦力和土颗粒之间产生的咬合力，内摩擦角越大，颗粒之间的摩擦力越大，最大等效塑性应变值就越小，因此岩土材料的黏聚力对公式(2.1)定义的强度折减法计算结果具有较大的影响，边坡安全系数与岩土体的内摩擦角大小呈线性增加的关系。

从图 2.12 和图 2.13 分析来看，相比于黏聚力 $c=50$ kPa，内摩擦角 $\varphi=30°$含软弱夹层的边坡而言，$c=50$ kPa，$\varphi=35°$的存在软弱夹层的边坡岩土体的内摩擦角更大，导致边坡的强度更大，其安全系数为1.77。因此在边坡发生破坏时的塑性变形以及塑性区域面积减少，同时发生的位移也相对减少。位移最大值的区域均位于坡顶和坡脚，增加内摩擦角，仅使得等效塑性应变值减小，但由于边坡软弱夹层分布情况未发生改变，则导致最大位移的分布情况基本不变。

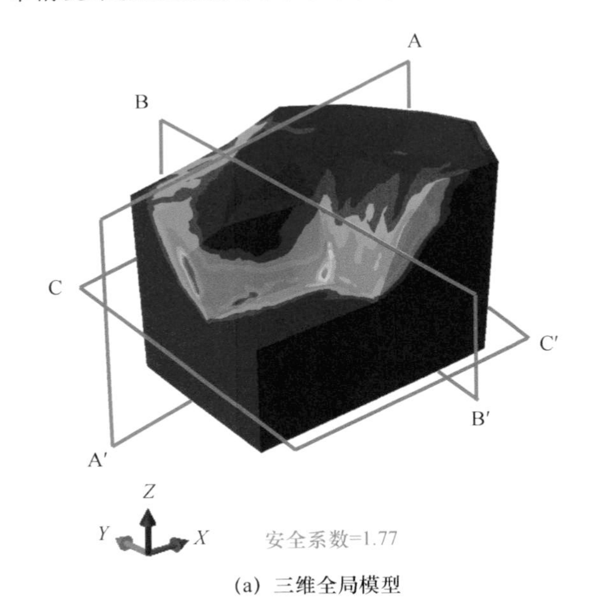

(a) 三维全局模型

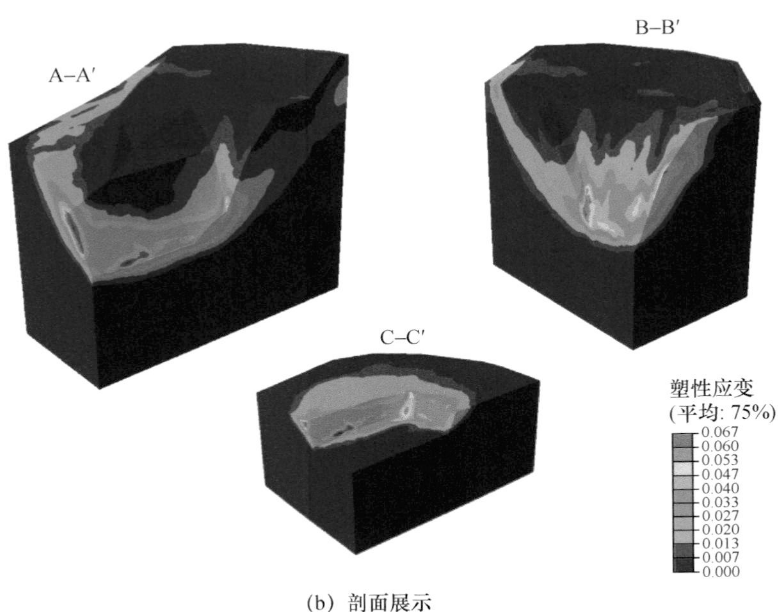

(b) 剖面展示

图2.12 黏聚力 $c=50$ kPa，内摩擦角 $\varphi=35°$含软弱夹层的边坡破坏塑性应变云图

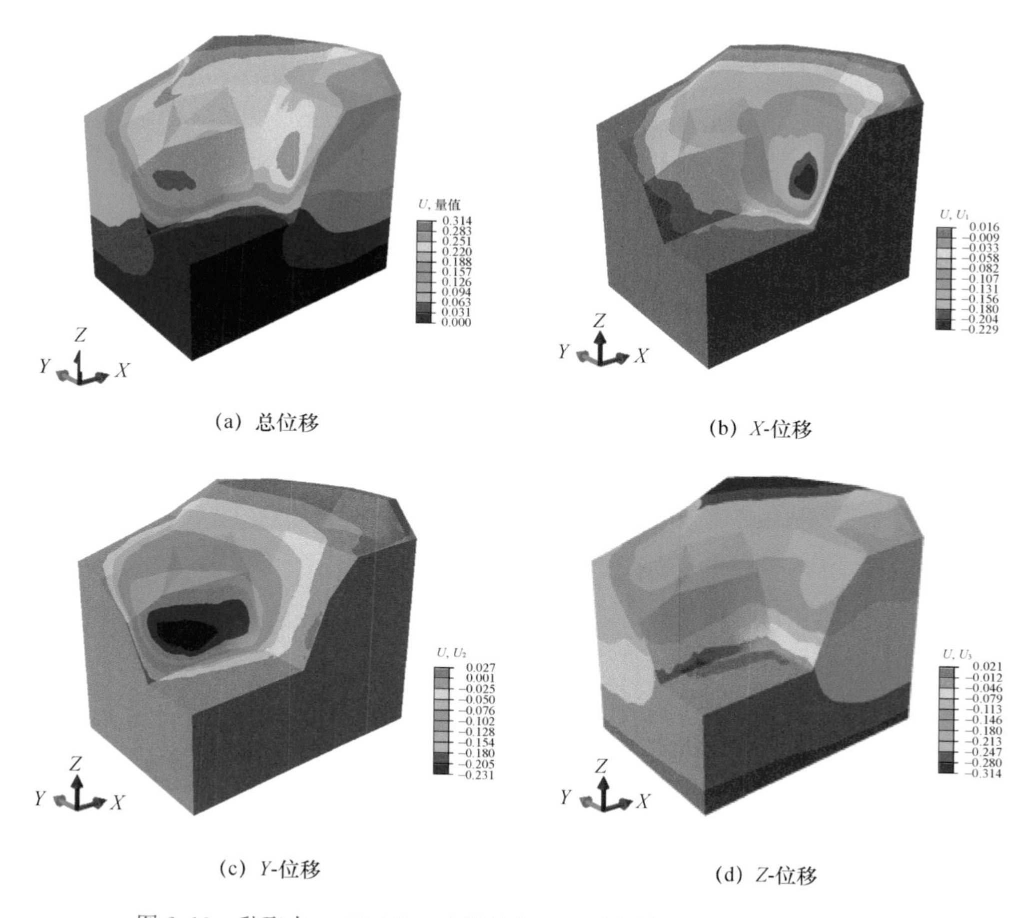

(a) 总位移　　(b) X-位移

(c) Y-位移　　(d) Z-位移

图 2.13　黏聚力 $c=50$ kPa，内摩擦角 $\varphi=35°$含软弱夹层的边坡位移状况

从图 2.14 和图 2.15 分析来看，相比于黏聚力 $c=50$ kPa，内摩擦角 $\varphi=30°$含软弱夹层的边坡而言，$c=100$ kPa，$\varphi=30°$的存在软弱夹层的边坡岩土体的黏聚力更大，导致边坡的强度更大，其安全系数为 2.24。因此在边坡发生破坏时的塑性变形以及塑性区域面积减少，同时发生的位移也相对减少。位移最大值的区域均位于坡顶和坡脚，增加黏聚力，仅使得边坡的抗滑力增大，但由于边坡的软弱夹层分布情况未发生改变，导致最大位移的分布情况基本不变。

从图 2.16 可以看出，当内摩擦角 $\varphi=30°$，黏聚力 c 不断增大的过程中，安全系数也随之增大，同时，边坡内部的塑性区域面积不断减小，这是由于 c 的增大使得边坡岩土体颗粒间吸引力增大，导致边坡岩土体强度增大，易发生破坏的区域强度不断增强，致使软弱滑动面的面积不断减小。

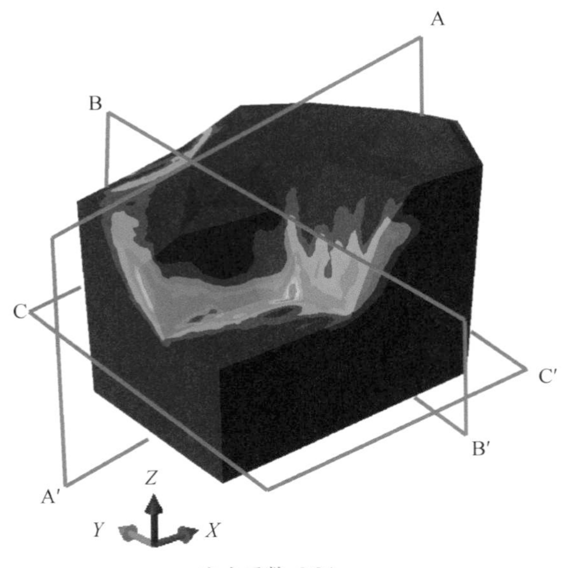

(a) 三维全局模型

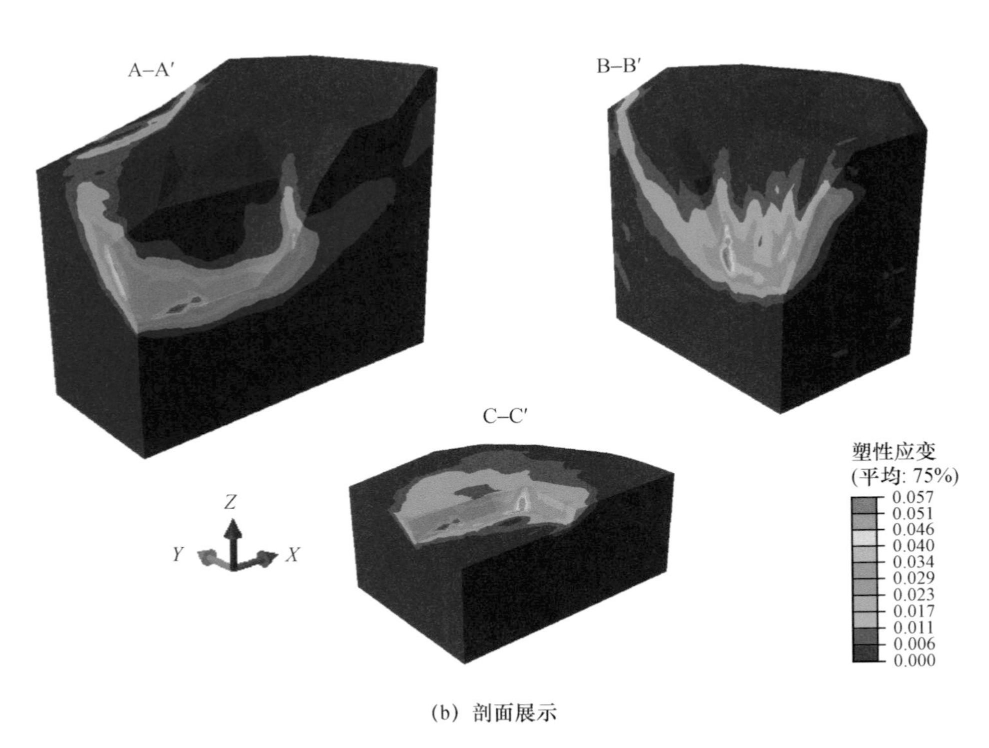

(b) 剖面展示

图 2.14　黏聚力 $c=100$ kPa，内摩擦角 $\varphi=30°$ 含软弱夹层的边坡破坏塑性应变云图

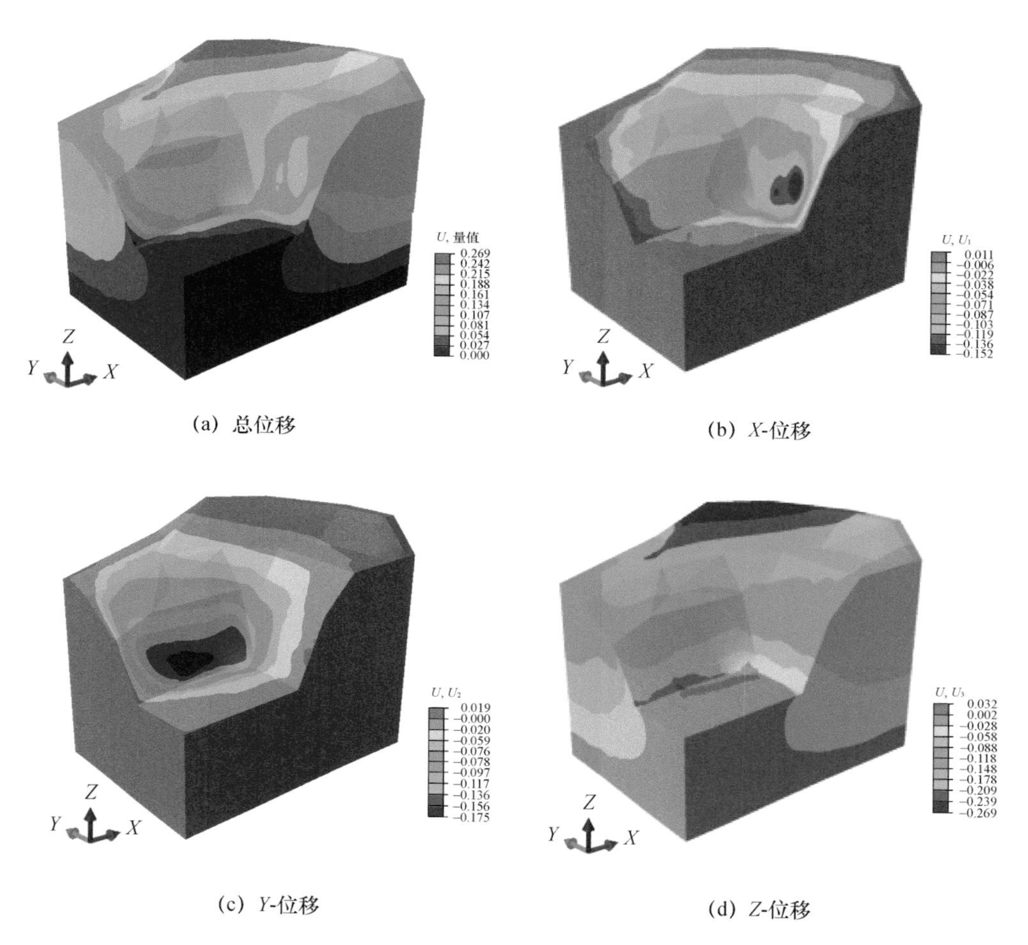

(a) 总位移　(b) X-位移

(c) Y-位移　(d) Z-位移

图 2.15　黏聚力 $c=100$ kPa, $\varphi=30°$含软弱夹层的边坡位移状况

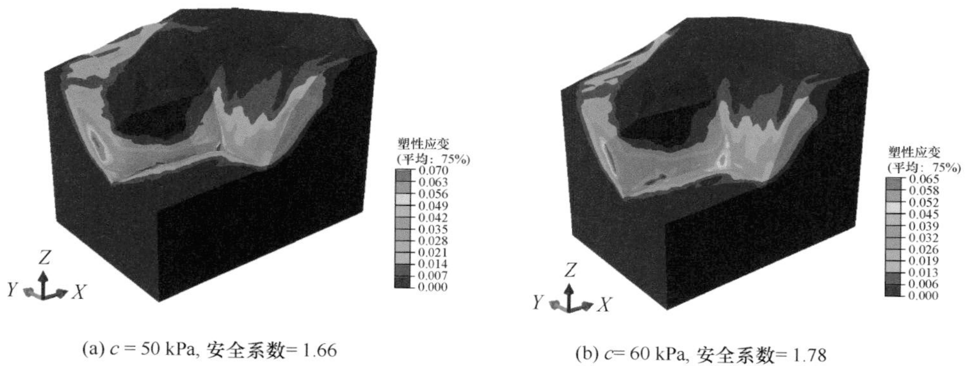

(a) c = 50 kPa, 安全系数= 1.66　(b) c= 60 kPa, 安全系数= 1.78

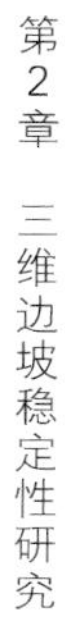

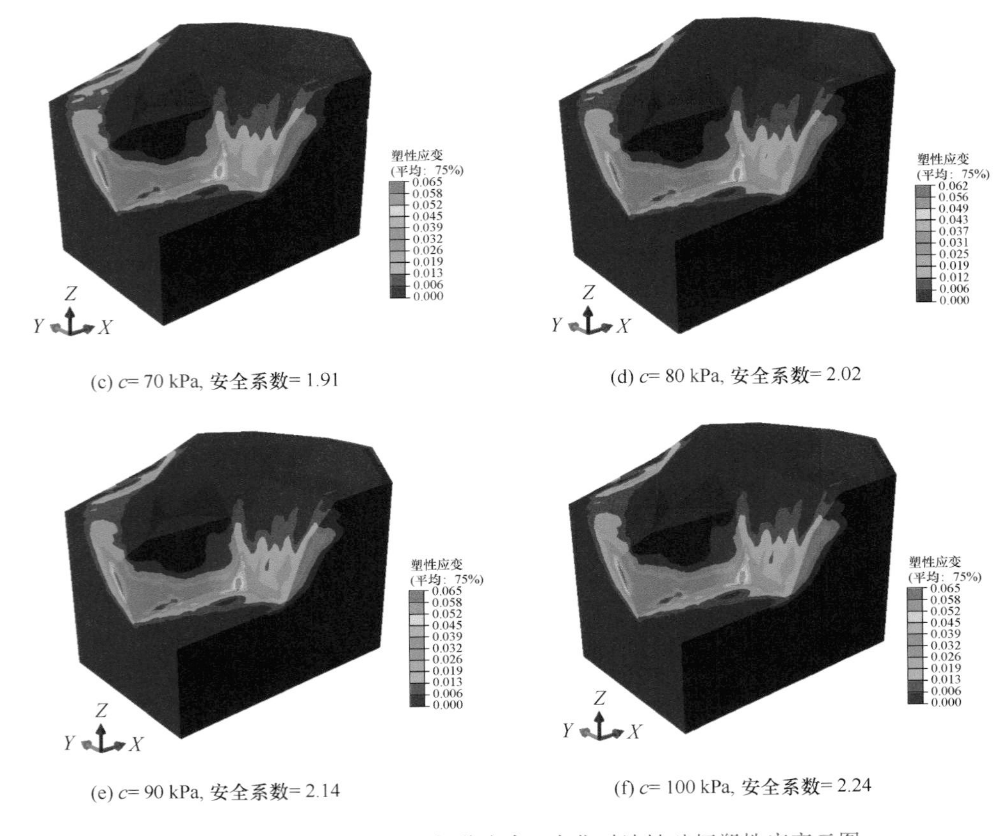

(c) c= 70 kPa, 安全系数= 1.91

(d) c= 80 kPa, 安全系数= 2.02

(e) c= 90 kPa, 安全系数= 2.14

(f) c= 100 kPa, 安全系数= 2.24

图 2.16 内摩擦角 φ=30°,黏聚力 c 变化时边坡破坏塑性应变云图

从图 2.17 可以看出,当黏聚力 c=50 kPa,内摩擦角 φ 不断增大的过程中,安全系数也随之增大,同时,边坡内部的塑性区域面积不断减小,这是由于 φ 的增大使得边坡岩土体的内摩擦力增大,等效塑性应变值减低,导致滑动面的面积不断减小。

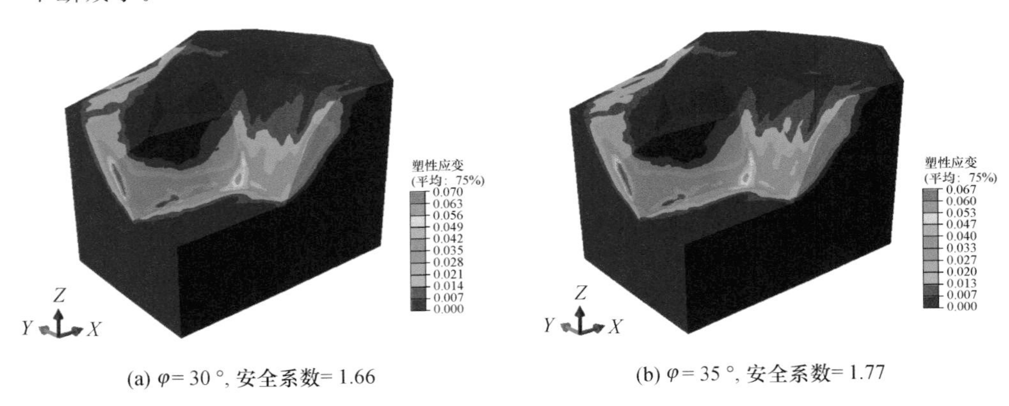

(a) φ= 30 °, 安全系数= 1.66

(b) φ= 35 °, 安全系数= 1.77

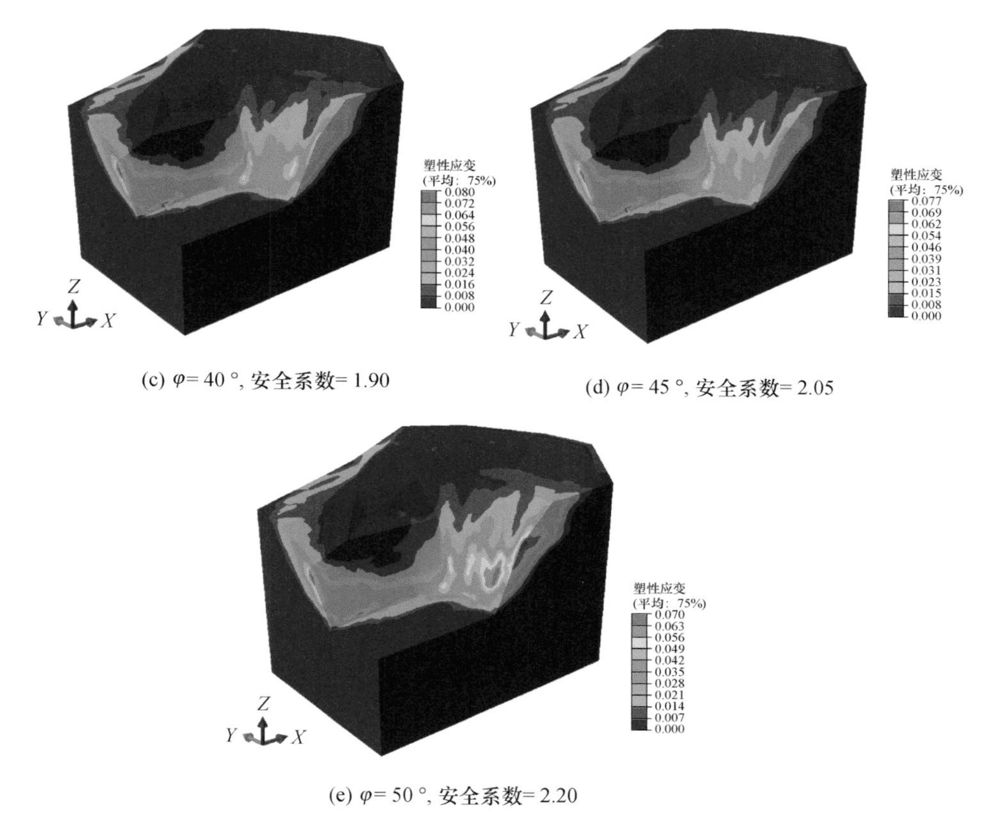

(c) φ= 40 °, 安全系数= 1.90

(d) φ= 45 °, 安全系数= 2.05

(e) φ= 50 °, 安全系数= 2.20

图 2.17　c=50 kPa,内摩擦角 φ 变化时边坡破坏塑性应变云图

综上可以看出,岩土体的黏聚力和内摩擦角对三维边坡的稳定安全系数具有一定的影响,且随着黏聚力和内摩擦角的增大,其抗滑稳定安全系数也逐渐增大,同时滑动面的面积减小。

2.6　抗滑桩加固边坡稳定性分析

本次研究选取岗头隧洞所在边坡的一个典型剖面,作为软弱破碎带所在剖面进行分析计算。选取剖面位置如图 2.18 所示。对软弱破碎带在抗滑桩支护条件下,分析研究边坡的安全系数与抗滑桩的位置及有效桩长之间的关系,深入探索抗滑桩对边坡的支护效果。

针对图 2.18 所示剖面建立有限元模型(图 2.19),以模拟在有抗滑桩支护的条件下边坡的破坏情况以及安全系数的变化。该有限元模型含有 6182 个四边形四节点单元，并采用 CPE4R 单元类型进行分析计算。模型两侧为垂直法向约束，边坡底面为完全约束条件。为研究抗滑桩的加固位置对边坡稳定的影响，本研究设置了 4 种工况，其中无抗滑桩的工况用来进行对照。所模拟的抗滑桩直径为 3 m，弹性模量为 20 GPa，泊松比为 0.2，桩土之间的摩擦系数为 0.61。图 2.20 至图 2.23 分别展示了抗滑桩在该剖面软弱破碎带中不同支护位置下的边坡破坏情况。

图 2.18 岗头隧洞边坡计算剖面图

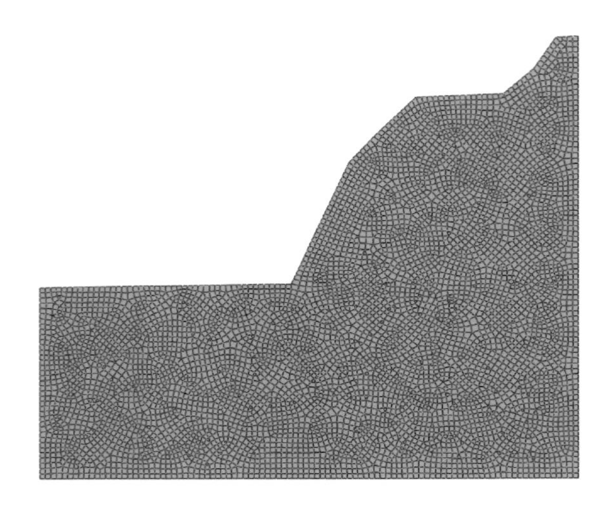

图 2.19 有限元网格划分示意图

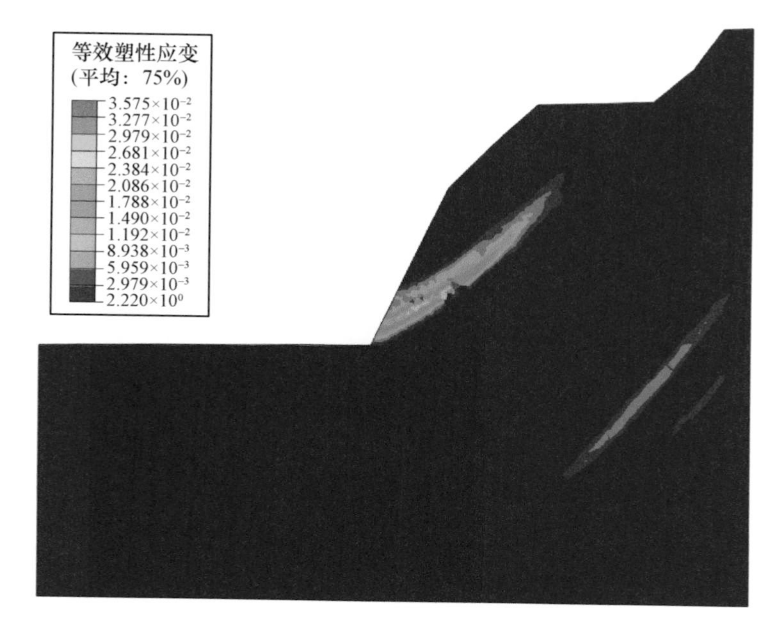

图 2.20　无抗滑桩支护边坡破坏情况

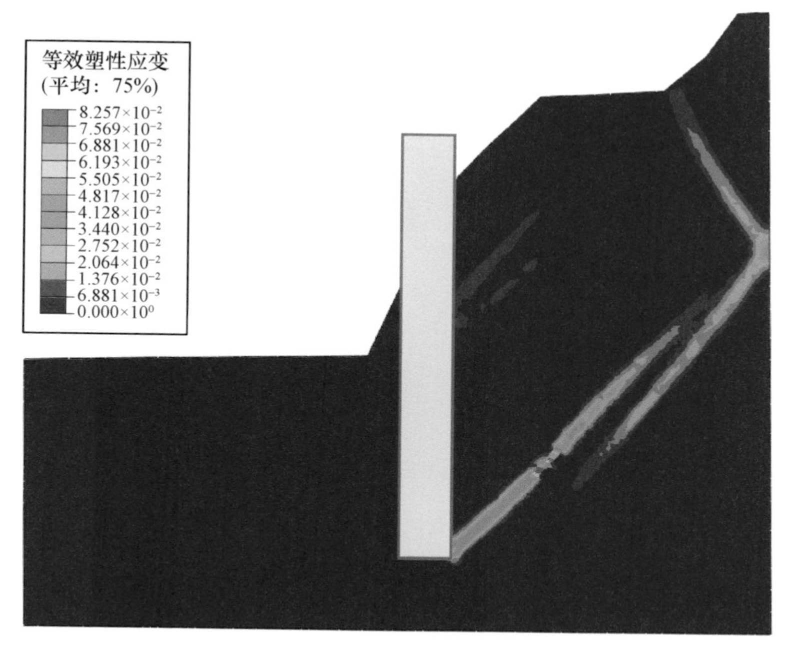

图 2.21　抗滑桩支护工况 1 边坡破坏情况

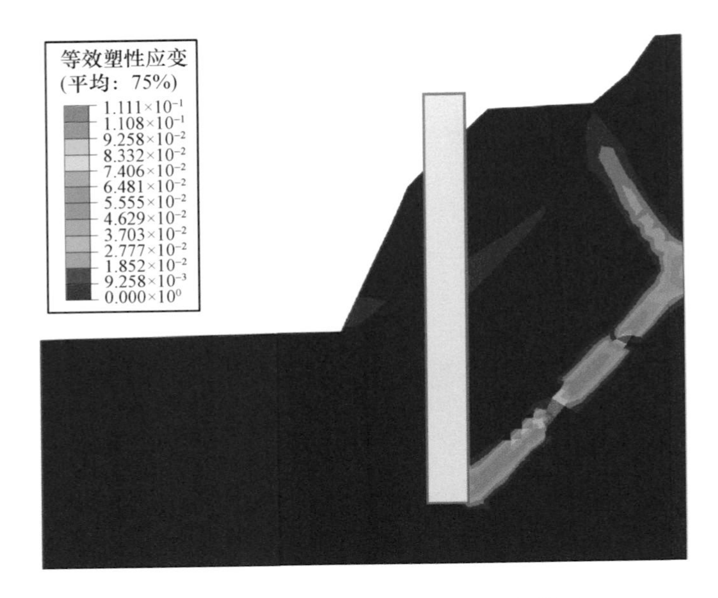

图 2.22　抗滑桩支护工况 2 边坡破坏情况

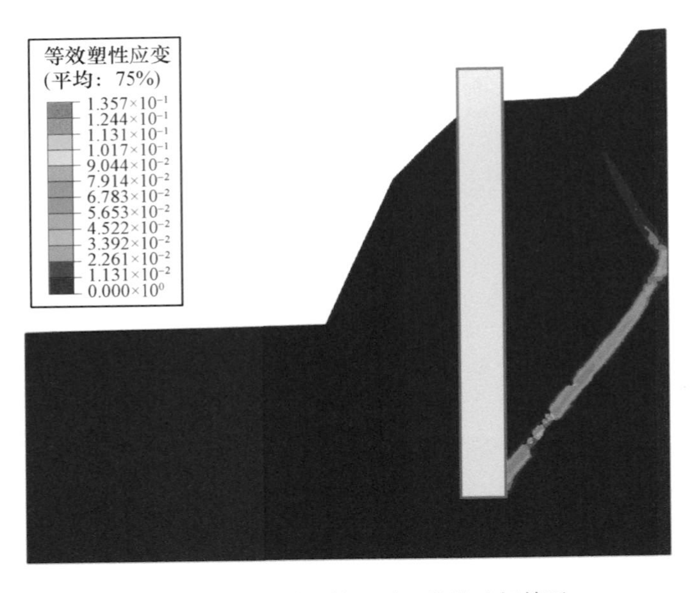

图 2.23　抗滑桩支护工况 3 边坡破坏情况

图 2.24 所示为抗滑桩加固位置、桩长对边坡稳定安全系数的影响。从图 2.24 可看出：当在坡顶或坡脚处设桩时，边坡稳定系数比无桩状态时有着显著提高。在有效桩长较小时，相同桩长对应的稳定系数较接近，说明在桩长较小时，抗滑桩加固位置对边坡稳定性的影响较小；当桩长超过 15 m 时，抗滑桩加固位

置的影响明显增大；当桩长为 15～25 m 时，工况 1(边坡坡脚位置)对应的稳定系数最大，说明最优设桩位置与抗滑桩嵌固深度有关。因此，在边坡抗滑桩工程设计中，当桩长较长时，将抗滑桩布设位置从边坡中部往坡脚偏移一定距离，抗滑桩加固效果将更显著。

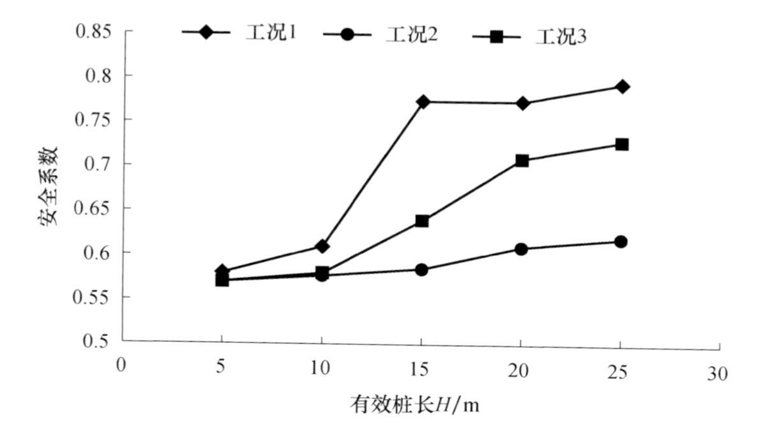

图 2.24　不同工况下抗滑桩加固位置及有效桩长对边坡安全系数的影响

第3章　非均匀边坡稳定性研究

3.1　模型描述

本章以三维边坡模型为例，进一步探讨非均质土对边坡稳定安全系数和滑坡体积的影响。

三维边坡有限元计算模型如图3.1所示(长度45 m，宽度80 m，高度12.5 m)。有限元网格单元数为43200个，单元类型采用三维八节点实体单元C3D8，模型四周约束边界(X,Y,Z方向)均为法向支座约束，边坡底面(Z方向)为完全约束条件。考虑由于滑坡往往在短时间内发生，坡体内孔隙压力无法及时消散，本节采用土体不排水剪强度作为计算输入参数，见表3.1。

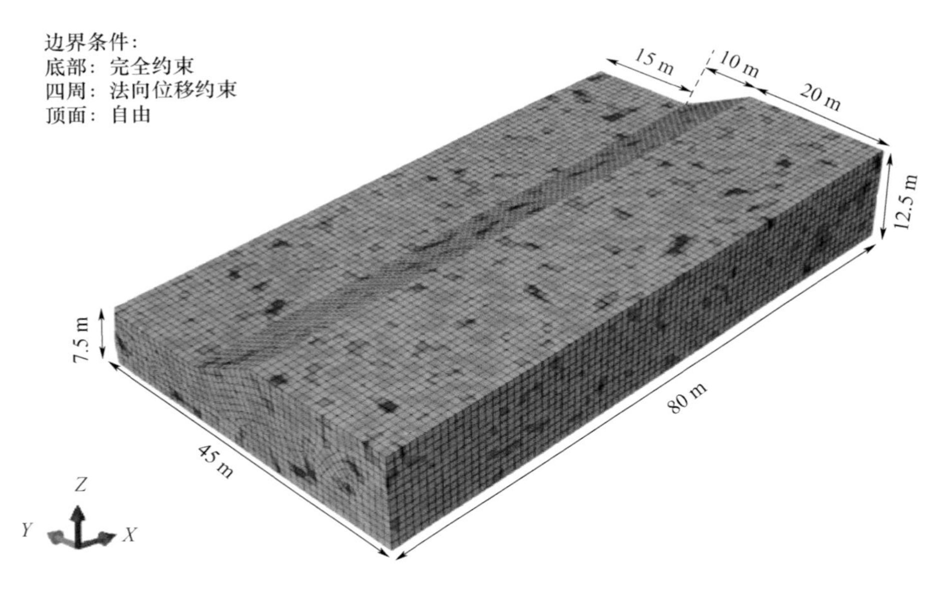

图3.1　三维边坡模型

表 3.1　三维边坡土体基本力学参数

计算参数	数值
(a)确定性参数	
内摩擦角 $\varphi/°$	0
不排水黏聚力 c_u/kPa	随机场
剪胀角 $\psi/°$	0
弹性模量 E/kPa	10^4
泊松比 v	0.49
(b)不排水黏聚力服从对数正态分布的统计参数	
均值/kPa	25
变异系数	0.4
X、Y 方向相关长度/m	20
Z 方向相关长度/m	2

分析步骤分为两步，即荷载步和折减分析步。载荷步施加初始应力分析，折减步进行强度折减，根据折减系数计算得到边坡的安全系数。滑动体体积由有限元单元位移大于 0.2 m 的单元体积之和计算得到。单元位移和滑动体体积可由式(3.1—3.3)计算得到。

$$\Delta V_k = \sum_{i=1}^{8} u_{ki} \tag{3.1}$$

$$u_{ki} = \sqrt{(X_{ki}^2 + Y_{ki}^2 + Z_{ki}^2)} \tag{3.2}$$

$$V = \sum_{k=1}^{n} V_k \tag{3.3}$$

式中，ΔV_k 为第 k 个单元的变形位移；u_{ki} 为第 k 个单元第 i 个节点的位移；X_{ki}，Y_{ki}，Z_{ki} 分别为第 k 个单元第 i 个节点在 X，Y，Z 方向上的位移；V 为滑动体体积；n 为滑动过程中单元位移超过 0.2 m 的单元数量。因此，每模拟一次土体的非均匀性，便可计算相应模型的滑动体体积以及安全系数。重复进行 100 次的数值模拟，将所得结果与确定性分析结果进行对比，探究非均质特性对滑坡体积和安全系数的影响，以深入研究非均匀土质边坡的稳定性。对于图 3.2 所示的模型，非灰色的元素形成了滑动区域。

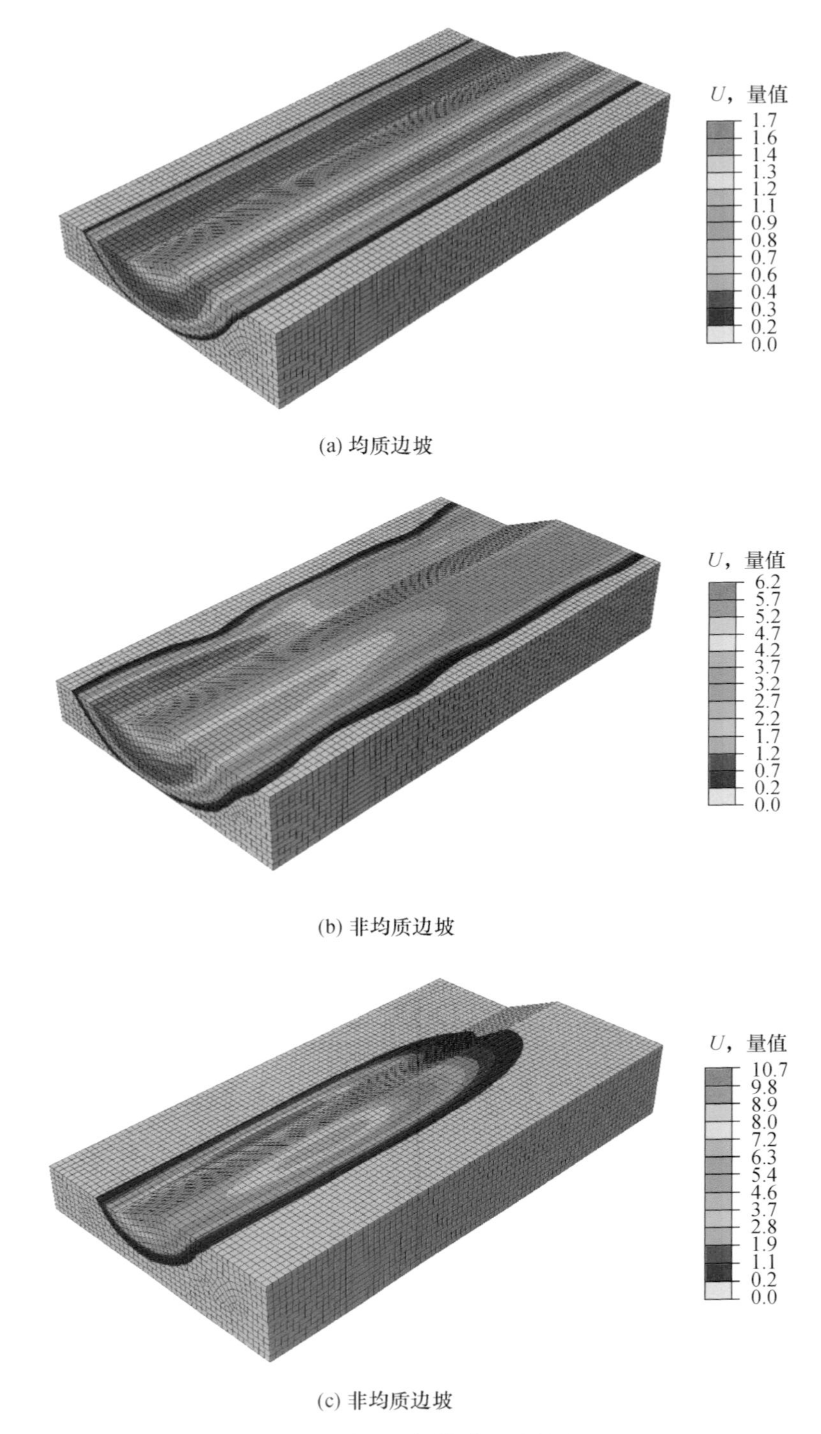

(a) 均质边坡

(b) 非均质边坡

(c) 非均质边坡

图 3.2　边坡破坏滑动区域轮廓

3.2 有限元计算及结果对比分析

3.2.1 非均质土体对滑坡体积的影响

为了更好地评估滑坡危险性，了解滑坡体积大小，本次引入了滑动体积分数的概念，其定义为滑动体积与边坡的总破坏体积之比，则滑动体积分数可以作为一个简单的指标来表征滑坡的后果。通过随机有限元计算得到的滑坡体积与确定性有限元分析结果进行对比可以发现(确定性有限元分析中土体强度取为均值，即 $c_u=25$ kPa)，随机有限元分析中土的不均匀性对滑动体的体积有显著影响，非均质性边坡以软弱层为主，其中滑面强度值小于平均强度值，因此滑动体积分数一般小于均质边坡，这意味着基于平均强度的确定性分析可能导致有风险的设计或建议。假定土体在空间上是均匀的，则滑动体的体积将被低估，这说明具有非均质性的土体对滑坡危险性评估具有重要影响。

3.2.2 非均质土体对安全系数的影响

为了更好地研究边坡的稳定性，引入了泰勒稳定数图表法，泰勒稳定数图表

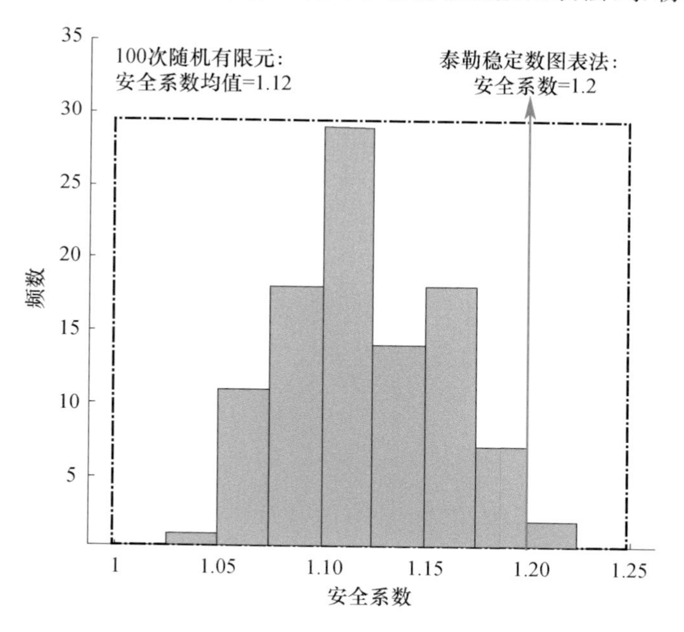

图 3.3 边坡安全系数直方图

法基于泰勒提出的摩擦圆法，经过大量的试算，得出均质土坡达到极限状态时最大的稳定数，并基于此求解出边坡的最小安全系数。通过图表法，取土体强度作为土体强度的平均值，即 $c_u = 25$ kPa，得到图表法求解下的安全系数，并与 100 次随机有限元模拟下的结果进行对比，如图 3.3 所示。

从图 3.3 中可以看出，随机有限元的分析结果明显低于泰勒稳定数图表法所得的安全系数，土体的非均质特性可以削弱土体的强度，导致边坡的稳定性降低，由于天然土坡受到不同地质因素、环境因素以及物理化学等综合作用，不可避免地在参数特性上表现出明显的非均质特性，基于土体平均强度的稳定性分析可能导致偏于危险的设计和分析，因而研究土体非均质特性对边坡安全系数的影响具有重要的现实意义和工程应用价值。

第4章 降雨入渗诱发工程地质问题研究

4.1 工程背景

河北省夏季多暴雨，降雨快速入渗会导致坡脚处孔隙水压力的急剧升高，进而降低土体的有效应力，是导致滑坡等一系列工程地质问题的重要因素。通过分析中线岗头隧洞段边坡的地质结构，发现该边坡软弱夹层区域比较大，软弱夹层的存在大幅降低了边坡的安全系数。因而，降雨是造成软弱夹层失稳从而进一步诱发滑坡现象的关键条件。降雨是一次使土体由非饱和到饱和的过程，降雨会降低土体的基质吸力，从而使土体的黏聚力及抗剪强度降低，同时增大了土体的下滑力，降低了边坡的安全系数。

结合该边坡实际地质条件，由于其具有较大的软弱夹层带，软弱夹层在滑动带底部相对于坚硬的基岩削弱了抗滑力。降雨条件下软弱夹层带更容易优先发生破坏，进而造成边坡的局部失稳。为了保证边坡的稳定性，南水北调中线工程漕河段岗头隧洞周围边坡大多采用喷锚支护，喷锚支护是借高压喷射水泥混凝土和打入岩层中的金属锚杆的联合作用加固岩层，防止岩体松动分离。由于混凝土喷锚层的渗透系数很低，入渗的雨水难以排出会导致坡脚处的孔隙水压力无法消散，孔隙水压的存在一方面会导致土体有效应力的降低，另一方面孔隙水压导致的渗透力会将喷锚层下方的土体从排水设施中冲出，导致喷锚层下方出现大量的空洞，同样也会进一步诱发边坡失稳。因此，探究降雨入渗对边坡安全稳定性影响以及设计合理的排水措施是保证边坡安全稳定的重要前提。现场因土体流失导致喷锚层的下方空洞问题如图 4.1 所示。

(a) 边坡块体脱落

(b) 边坡块体崩裂

图 4.1 土体流失导致喷锚层下方出现空洞

4.2 研究内容

4.2.1 剖面选取

本研究选取岗头隧洞所在边坡的 3 个典型剖面进行分析计算。图 4.2(a)为岗头隧洞边坡整体几何示意图,剖面位置如图 4.2(b)所示。对喷锚支护后的边坡在降雨入渗条件下对孔压的大小与分布情况进行系统研究,深入探索该边坡发生破坏的致灾机理。

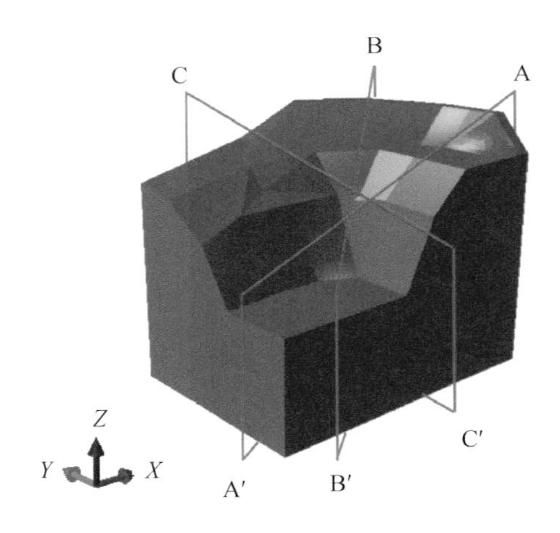

(a) 三维全局模型

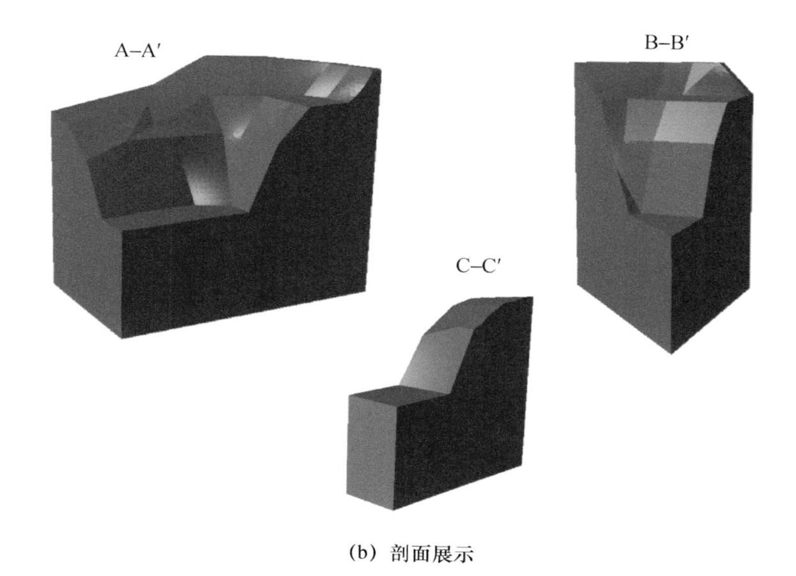

(b) 剖面展示

图 4.2 岗头隧洞边坡整体几何示意图

4.2.2 模型建立

对 3 个不同剖面分别建立有限元模型并进行计算，以模拟降雨入渗条件下边坡的渗流场及应力场的变化情况。图 4.3 至图 4.5 分别展示了 3 个模型对应的有限元单元网格划分情况。3 个模型的边界条件、几何尺寸均根据实际工程取定。模型的底部边界为不透水边界；为模拟混凝土护坡的效果，降雨从坡顶渗入，降雨强度为 0.02 m/h，模型采取的参数如表 4.1 所示。

表 4.1 岩土体力学参数表

土壤类型	渗透系数/（$m \cdot h^{-1}$）	干密度/（$g \cdot cm^{-3}$）	杨氏模量/MPa	泊松比	摩擦角/°	黏聚力/kPa
弱风化燧石条带白云岩	0.14～0.18	1.3	90000	0.25	30	15

针对剖面 A-A′建立的有限元模型有 3143 个四边形四节点单元（图 4.3）；针对剖面 B-B′建立的有限元模型有 4014 个四边形四节点单元（图 4.4）；针对剖面 C-C′建立的有限元模型有 4020 个四边形四节点单元（图 4.5）。3 个模型均采用 CPE4RP 单元类型进行计算。

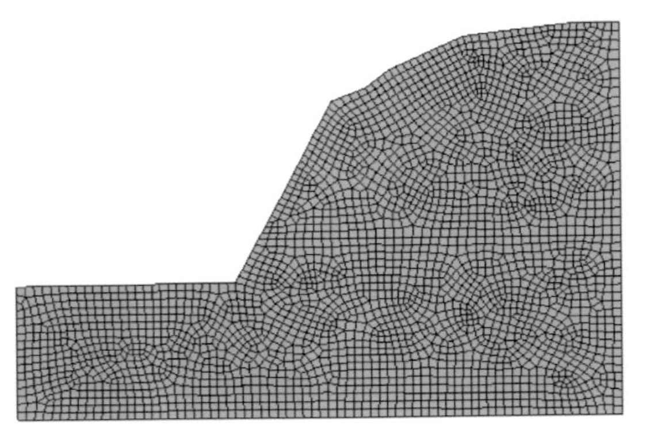

图 4.3 剖面 A-A′网格划分示意图

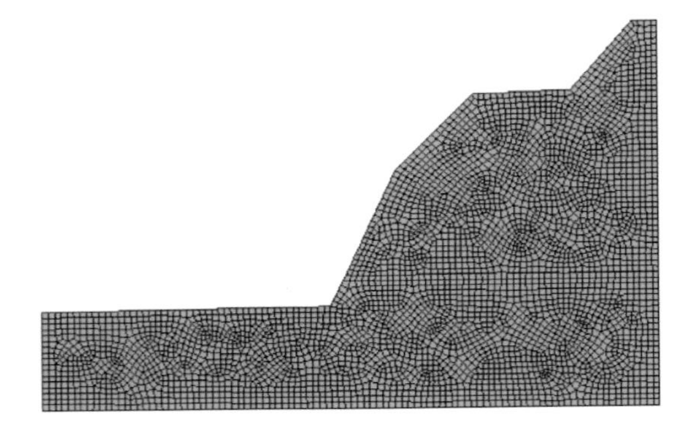

图 4.4 剖面 B-B′网格划分示意图

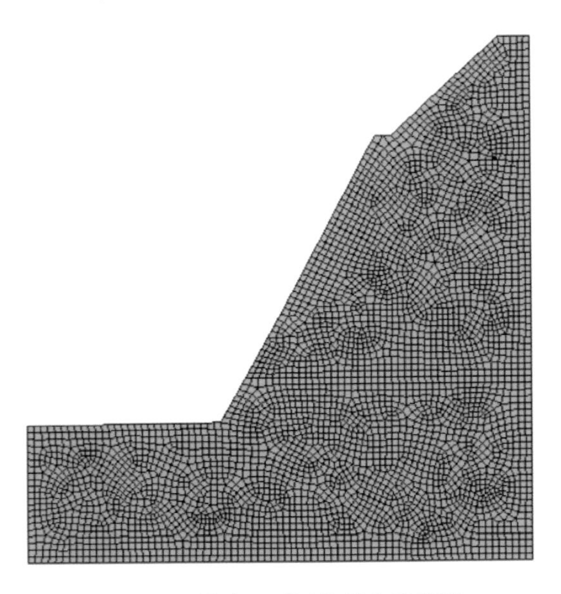

图 4.5 剖面 C-C′网格划分示意图

4.3 结果分析

4.3.1 剖面 A-A′

本研究设定降雨时长为 70 h，通过计算得到边坡在降雨入渗条件下的渗流场响应结果（包括孔隙水压力、渗流速度及渗透力），如图 4.6 至图 4.9 所示。图 4.6 为该边坡的渗透系数分布云图。

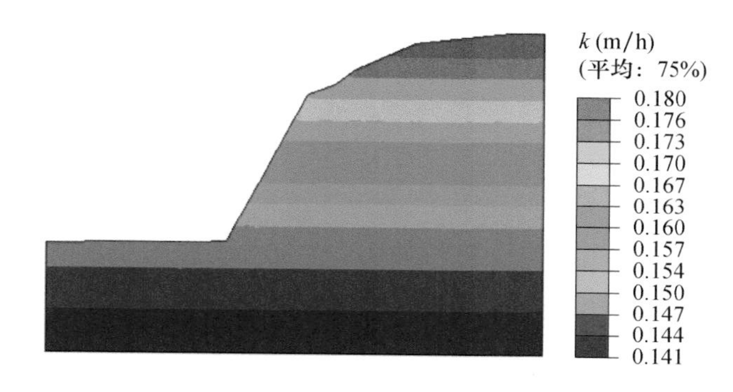

图 4.6　剖面 A-A′渗透系数分布云图

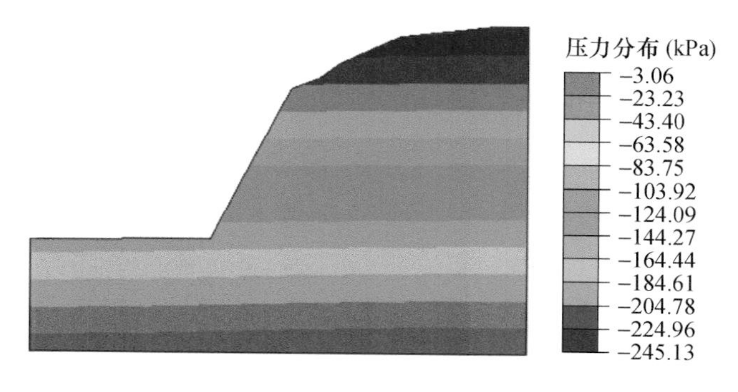

图 4.7　剖面 A-A′孔隙水压力分布云图

由于边坡底层土长年受到来自上层覆土的压力，相较上层土体其更为密实，渗流流体通过的能力也相应较小，故其渗透系数也会相较于上层土更小。因此，在渗流计算时，土体的渗透系数采用沿深度线性增加的分布形式。图 4.8 为该剖面的渗流流速分布及矢量云图（箭头所示方向为渗水流动方向），可见坡脚处水流流速较大，表明该位置受到雨水冲刷，较易发生渗流破坏，为相对危险位置，较好地模拟了岗头隧洞的工程实际情况。

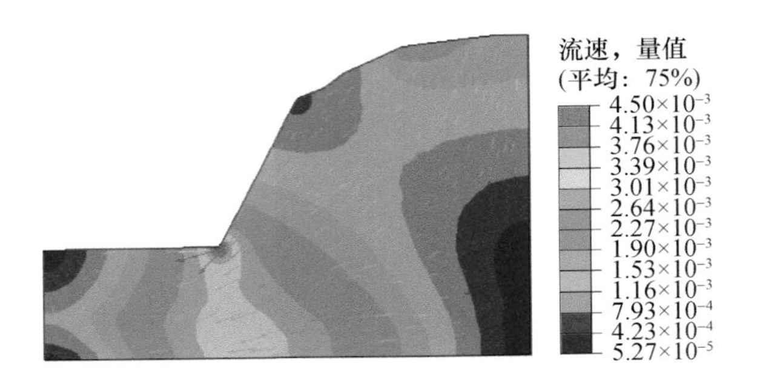

图 4.8　剖面 A-A′流速分布及矢量云图(箭头所示方向为渗水运动方向)

为了更好地评估渗流对边坡稳定性的影响，现将渗透力的概念引入本次研究(渗透力亦称“渗流力”)。土中的渗透水流在水头差作用下，将有一种作用于单位体积土体内土粒上的拖曳力。渗透力是一种作用在渗流场的所有土粒上的体积力。力的方向与渗流方向一致，有使土颗粒向前运动的趋势，其值等于土粒对水流的阻力。渗透力是引起土体渗透变形的动力。在斜坡和闸坝地基滑动面上的渗透力，不利于斜坡和地基土的稳定。渗透力计算公式如式(4.1)。

$$J = \gamma_w i \tag{4.1}$$

式中，J 为渗透力；γ_w 为水的容重；i 为渗透坡降。

根据渗透力公式(4.1)可以得到渗透力大小分布云图，如图 4.9 所示，并进一步评估该边坡的渗流破坏机制。由图 4.9 可以看出，雨水入渗导致的渗流作用使边坡的下滑力增加，表明该处土体受到降雨渗流导致的较强的渗透力，较易发生渗透破坏(流土等)。同时，入渗的雨水难以排出会导致坡脚处的孔隙水压力无法及时消散，孔隙水压的存在一方面会导致土体有效应力的降低，对土体埋置结构的稳定性造成较大影响；另一方面会导致该边坡发生应力重分布。结合该边坡有较大区域的软弱夹层存在，相对模型其他区域而言，坡脚处是危险部

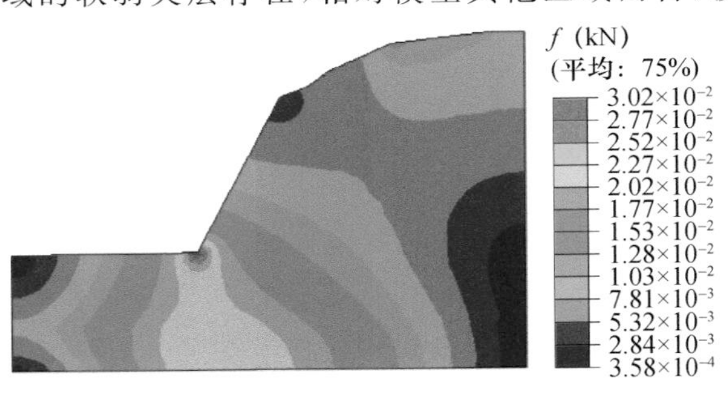

图 4.9　剖面 A-A′渗透力分布云图

位，有发生局部失稳的可能性，进一步诱发泥石流现象。因此，应在边坡坡脚处设置有效的排水措施以预防和减小降雨入渗对边坡整体稳定性的影响。

4.3.2 剖面 B-B′

剖面 B-B′的渗流计算结果如图 4.10 至图 4.13 所示，与剖面 A-A′相似，坡脚处土体受到较强的降雨冲刷，由于土体颗粒受到渗流的拖曳力，较易发生渗流破坏，进而影响该边坡的应力分布，对边坡及相应的土体埋置结构的稳定性造成较大影响。

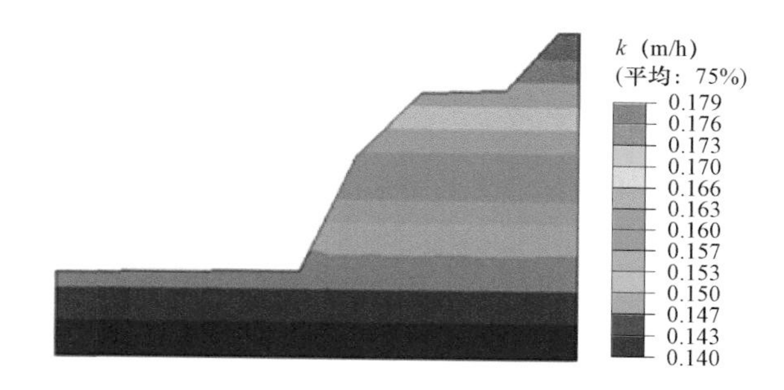

图 4.10　剖面 B-B′渗透系数分布云图

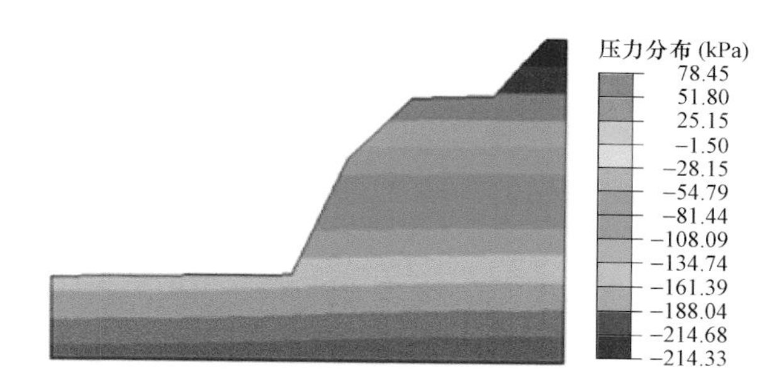

图 4.11　剖面 B-B′孔隙水压力分布云图

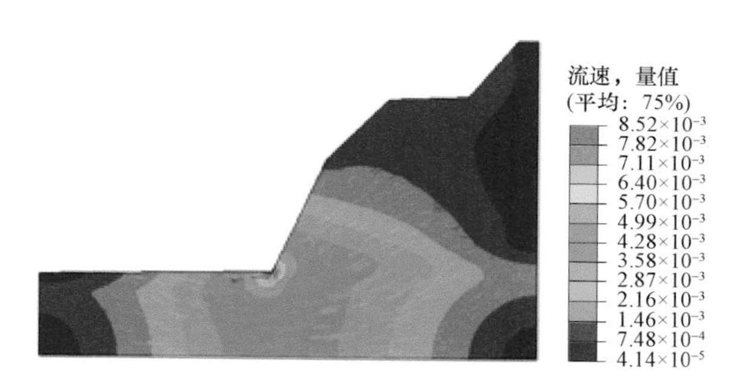

图 4.12　剖面 B-B′流速分布及矢量云图

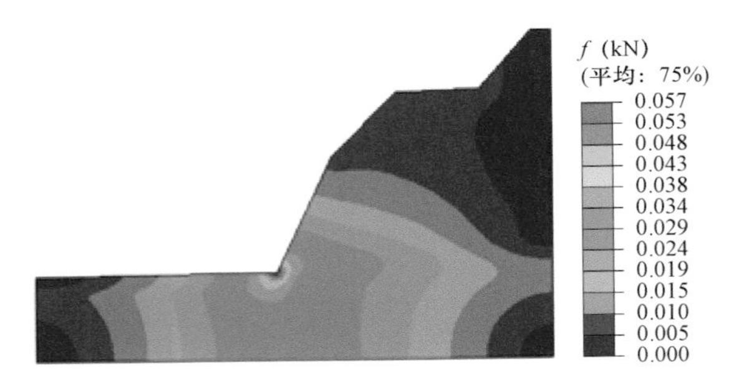

图 4.13　剖面 B-B′渗透力分布云图

通过计算结果可以看出，在降雨开始时，由于上部土体非饱和，降雨会首先补充土体缺失水量，增大孔隙水压力。随着降雨的不断进行，由于底部土层相对于上部的土层渗透系数较小，为相对隔水层，从而造成土体坡脚处流速及渗透力较大，较大的软弱夹层的主要成分为碎石和土，在受到较大的渗透力对其产生的拖曳效果时极易失稳，继而诱发山体滑坡、泥石流等地质灾害。

4.3.3　剖面 C-C′

剖面 C-C′的渗流计算结果如图 4.14 至图 4.17 所示。计算结果表明土体坡脚处流速及渗透力较大，得出的结论与剖面 A-A′和剖面 B-B′的结果相似，土壤体积含水率的增加是诱导边坡失稳的重要因素之一。尤其是在含较大区域的软弱夹层的边坡中，由于软弱夹层的高渗透性，雨水可以很快入渗至软弱夹层内部，加快了边坡土壤体积含水率的增加速率，使其抗剪、抗滑能力迅速降低。由于坡脚处土体受到较强的出流入渗雨水的冲刷作用，相对边坡的其他位置，此处受到更大的渗透力，土体颗粒在渗流的拖曳力下容易发生移动，导致喷锚层下方出现大量的空洞，从而可能进一步诱发边坡失稳。

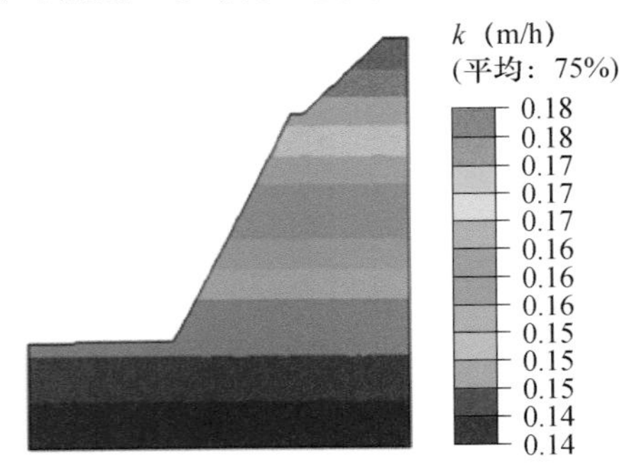

图 4.14　剖面 C-C′渗透系数分布云图

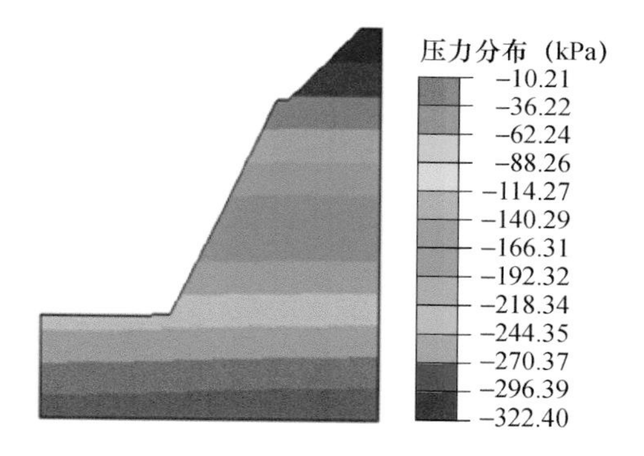

图 4.15　剖面 C-C′孔隙水压力分布云图

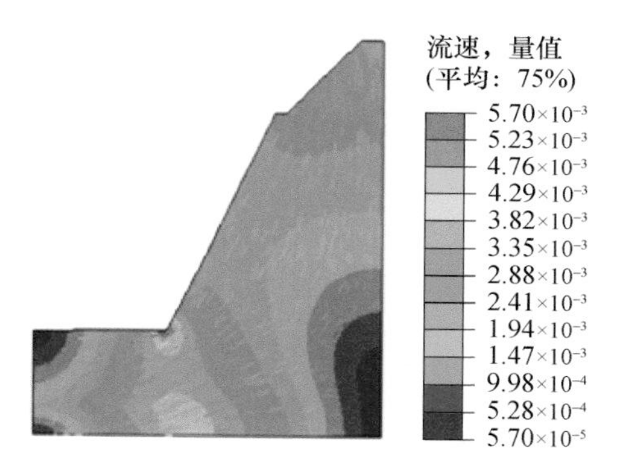

图 4.16　剖面 C-C′流速分布及矢量云图

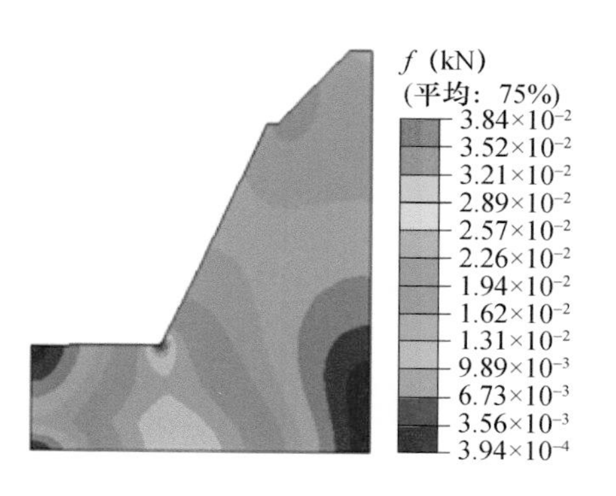

图 4.17　剖面 C-C′渗透力分布云图

第5章　隧洞塌方问题研究

5.1　工程背景概述

岗头隧洞进口为上碎石土、下基岩土岩双层结构，其进口段为采石场，地表为人工堆积碎石层，厚度3～10 m，下覆为强—弱风化的燧石条带白云岩。隧洞进口断层较为发育，并存在辉绿岩脉，地质条件较差，洞身段围岩为均一岩体结构，岩性为蓟县系雾迷山组第三段燧石条带白云岩，呈弱风化—微风化，洞身段大部为Ⅱ、Ⅲ类围岩，其中属基本稳定的Ⅱ类围岩1360 m，属局部稳定性差的Ⅲ类围岩段长103 m，Ⅱ、Ⅲ类围岩占总长度的89%，工程地质条件较好。隧洞出口为上黏性土、下基岩土岩双层结构，地表为黄土状壤土，厚度较薄，最厚为8 m，下覆为强—弱风化的燧石条带白云岩。

此外，有两条对隧洞稳定性影响较大的断层，其一断层为正断层(位于桩号378＋600)，破碎带宽4 m，其中断层泥、角砾岩、糜棱岩厚0.3～0.5 m，影响洞身右侧长度76.5 m；其二断层为平移断层(位于桩号379＋310)，呈直立状，有3～5 m厚的断层角砾岩，影响洞身长度为9.5 m。隧洞处于舒缓向斜构造中，受断层、破碎带的影响，有一组节理裂隙较发育。隧洞有多条破碎带，破碎带内由碎石红黏土充填及包括部分碎石，如图5.1所示。

5.2　问题描述

5.2.1　洞内地质情况

以2006年7月2日岗头隧洞进口右洞洞口段塌方为例，说明隧洞的塌方问题。洞内有关地质情况及支护情况：洞口段于2005年11月初开挖，根据洞口明挖揭露的围岩状况判断洞内围岩地质条件较差，根据设计要求洞口段开挖由原

图 5.1　岗头隧洞破碎带

来的"A"型断面改为"D"型断面，洞内开挖后在左壁揭露出一条规模较大的构造裂隙带，走向 NE 60°，倾向 NW、倾角 82°，进口分流墩地表揭露该裂隙带宽度为 5～6 m，裂隙带内为红黏土碎石，部分碎石表面有钙膜，以红黏土为主，该裂隙带在隧洞左洞壁形成软弱带。该段发育两组节理，相互成正交，延伸长度较大，节理面及岩层面均有泥膜或夹泥。2005 年 10 月 27 日在导洞扩挖成形时出现部分塌落，现场情况是左侧软弱构造裂隙带片帮，导洞左上顶部沿层面、节理面出现部分岩块塌落，形成近 20 余立方米的塌落，塌落岩块最大约 1.5 m×0.8 m×0.8 m，岩块层面及节理面均有泥膜。

5.2.2　塌方的具体过程

2006 年 7 月 2 日凌晨 1:10，岗头隧洞进口右洞左侧墙及左侧顶拱部位洞口段发生塌方，巨大的侧压力导致已支护的钢格栅拱架左侧整体发生位移，拱架底脚最大位移为 1.5 m，塌方过程见图 5.2。

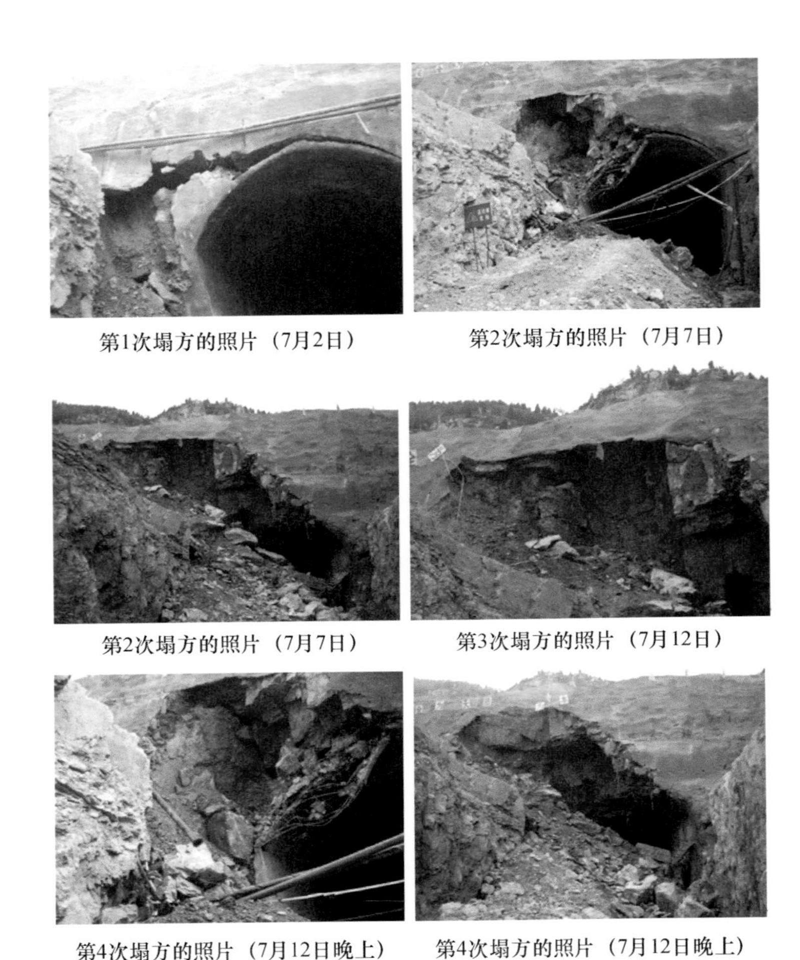

第1次塌方的照片（7月2日）　第2次塌方的照片（7月7日）

第2次塌方的照片（7月7日）　第3次塌方的照片（7月12日）

第4次塌方的照片（7月12日晚上）　第4次塌方的照片（7月12日晚上）

图 5.2　隧洞洞口塌方过程

7 月 2 日凌晨，洞内作业人员正在进行洞内底板部分浮渣的清理，听到洞口段发出巨响，以为洞外有雷雨及闪电，随后发现洞口左侧墙钢格栅拱架发生移位变形，洞口外崩落了大量的黄泥及孤石，现场值班人员迅速指挥作业人员撤离洞内，并向项目部报告。

项目部接到报告后，立即查看了现场，并对洞口段两侧进行了封闭处理，并设专人在现场进行看护。

7 月 7 日上午 9:55，右拱角部位再次出现塌方，洞顶右侧部分块石及大量泥块随之脱落，将洞口拱架压掉一榀，并且塌落部位正内部方向有一大块石头已和岩壁脱离，内部夹有大量黄泥，随时有脱落危险，此时已塌落至洞顶一级马道部位，高程为 73.8 m。

7月12日下午17:10，此部位再次塌方，此次塌落范围为最大一次，右拱角部位已经往上延伸到二级马道高程79.8 m处，左侧范围延伸至分流墩中部，右侧范围延伸到洞顶中心线，左右跨度15 m左右，上下跨度10 m左右。洞口部位5榀钢支撑从右拱角处直接被压折，从揭露的岩石状况来看，塌落岩石基本从夹泥裂隙处塌落，裂隙中夹泥较为严重，正洞顶部位有几块较大危险悬石，随时有塌落危险。

7月12日晚，悬在洞顶部位的悬石塌落，并在左右方向再次出现塌落，此时二级马道已经全部塌落并被破坏，从现场情况看，塌落部位内部仍然有继续塌落危险的悬石。

5.3 塌方原因研判

5.3.1 地质条件对塌方的影响

围岩构造断裂带附近易造成隧洞塌方。就岗头隧洞塌方而言，其附近有两条断层对隧洞稳定性影响较大。此外，软弱夹层的存在也可能进一步诱发塌方的发生。

5.3.2 降雨入渗诱导隧洞塌方

就岗头隧洞进口右洞洞口段塌方而言，隧洞室开挖完成后，一直没有经过汛期或雨季，后期由于连续降雨，导致坡体内入渗雨水增加，地下水渗入洞口左侧的断层破碎带后，导致左侧围岩整体失稳。由于洞室左侧为4～5 m厚的夹泥层，钢格栅拱架底脚无法坐落在坚硬的基岩上，降雨后底脚断层夹泥软化，抗侧滑力的强度降低，故在巨大的侧压力下，最终导致钢格栅拱架的失稳变形。

5.3.3 施工的影响

在工程建设中，施工单位为了抢工期、求效益，不能严格按照设计要求与施工规范进行施工，这是造成隧洞坍塌的重要原因。具体表现在以下几个方面：

(1)在软弱围岩中施工没有遵循“弱爆破、短进尺、强支撑、早封闭、勤量测”的原则，上、下台阶拉得过长，初期支护做得不及时，格栅钢架没有及时落脚。

(2)锚杆长度、数量不够，连接不牢，角度不对，施工不及时。

(3)注浆浆液配合比不符合设计，注浆不及时，甚至少注、不注。

(4)格栅与围岩的空隙中喷混凝土不密实，格栅各部连接不紧，间距不严格。

(5)喷混凝土不符合标准，厚度不均或不够，面积不足，施工不及时。

(6)衬砌滞后，削弱了支护整体的刚度与强度。

(7)不按工序施工，如模筑混凝土时，养生期未到便拆模等。

5.3.4 围岩扰动

在隧洞开挖后，围岩在应力重组过程中失稳，引发各类塌方。为继续探明在隧洞施工过程中洞内围岩情况，开挖采用了 4 m×4 m 的下导洞领先，超前扩挖面 4～6 m，根据实际揭露的围岩情况采取了短进尺弱爆破及时支护的施工原则，每炮循环进尺为 1.5 m 左右，开挖完成后，及时进行系统锚杆、挂网、喷混凝土、格栅拱架支护等联合支护的手段，以确保洞内开挖安全，并顺利完成了洞口段的开挖。从工程现状分析，爆破次数越多，爆破振动波产生的剪切效应造成松塌的概率越高。同时，塌方规模和速度对围岩收敛也有一定的影响，破坏规模越大，施工速度越快，收敛就越快。总之，在围岩的内在原因和外部条件的相互促进下，塌方可能成片出现。

5.3.5 多场耦合作用

当隧洞穿越处于复杂应力场与渗流场环境的富水破碎带时，易出塌方事故。此类事故的本质是围岩的力学平衡和地下水的渗流平衡因施工扰动发生急剧变化，引起围岩应力重分布及地下水能量释放；隧洞施工揭露断层后，岩体颗粒随孔隙空间的流体发生迁移形成新的渗流通道，导致地下水在水头压力的作用下向工程临空面涌出，形成漏斗形的渗水区域；随着渗流作用时间的延长，地下水和岩土体逐渐流失，隧洞上方的破碎岩体发生严重的滑移变形，出现塌方事故，甚至进一步引发重大突水事故。

5.4 数值模拟

5.4.1 模型描述

基于岗头右洞进口塌方事故，根据现场工程地质情况、破碎带分布情况以及相关岩土物理力学参数，本次利用有限元方法，对岗头右洞进口塌方所在剖面建模进行了数值模拟，并分析了断层破碎带对隧洞进口稳定性的影响。计算模型取隧洞进口周围宽 40 m、高 60 m 范围内的岩土体作为研究对象，其几何尺寸如

图 5.3 所示，有限元网格类型采用四结点双线性平面应变四边形单元 CPE4。本研究中正常岩土体和破碎带土体的基本力学参数如表 5.1 所示。

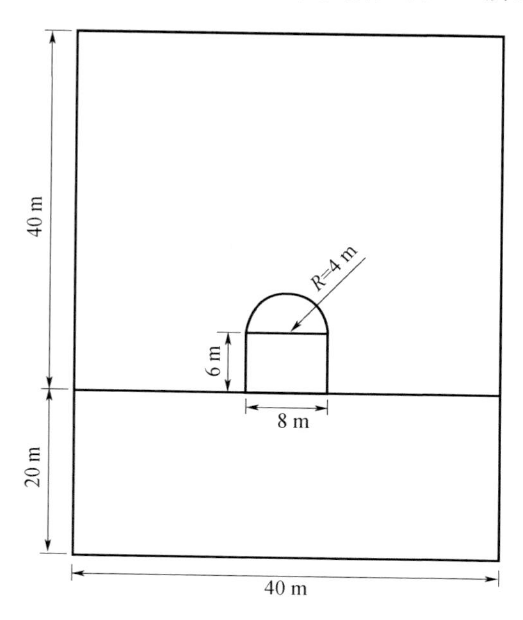

图 5.3　模型及隧洞进口断面几何尺寸

表 5.1　岩土体基本力学参数

地质材料分类	密度 $\rho/(kg\cdot m^{-3})$	弹性模量 E/MPa	泊松比 v	黏聚力 c/kPa	内摩擦角/°
正常岩土体	2820	90	0.25	90	30
破碎带土体	2600	80	0.3	12	20

5.4.2　有限元计算及分析

由于实际隧洞进口周围破碎带的具体分布状况未知，本研究将无破碎带的特殊情况设为参照组，并设置了 4 组计算工况。不同计算工况下破碎带的分布示意图及对应分析后塑性应变结果如图 5.4 所示。在图 5.4 中，每条破碎带与水平方向夹角均设为 82°，破碎带宽度均设为 1 m。与第一组相比，第二组中 2 条破碎带相对稍右移，第三组中 2 条破碎带间距稍减小，第四组中增加破碎带数量至 3 条。本研究采用基于有限元的强度折减法，分别计算了上述参照组和 4 组破碎带分布情况时隧洞的安全系数，均以有限元计算不收敛作为隧洞塌方的判据，计算结果如表 5.2 所示。

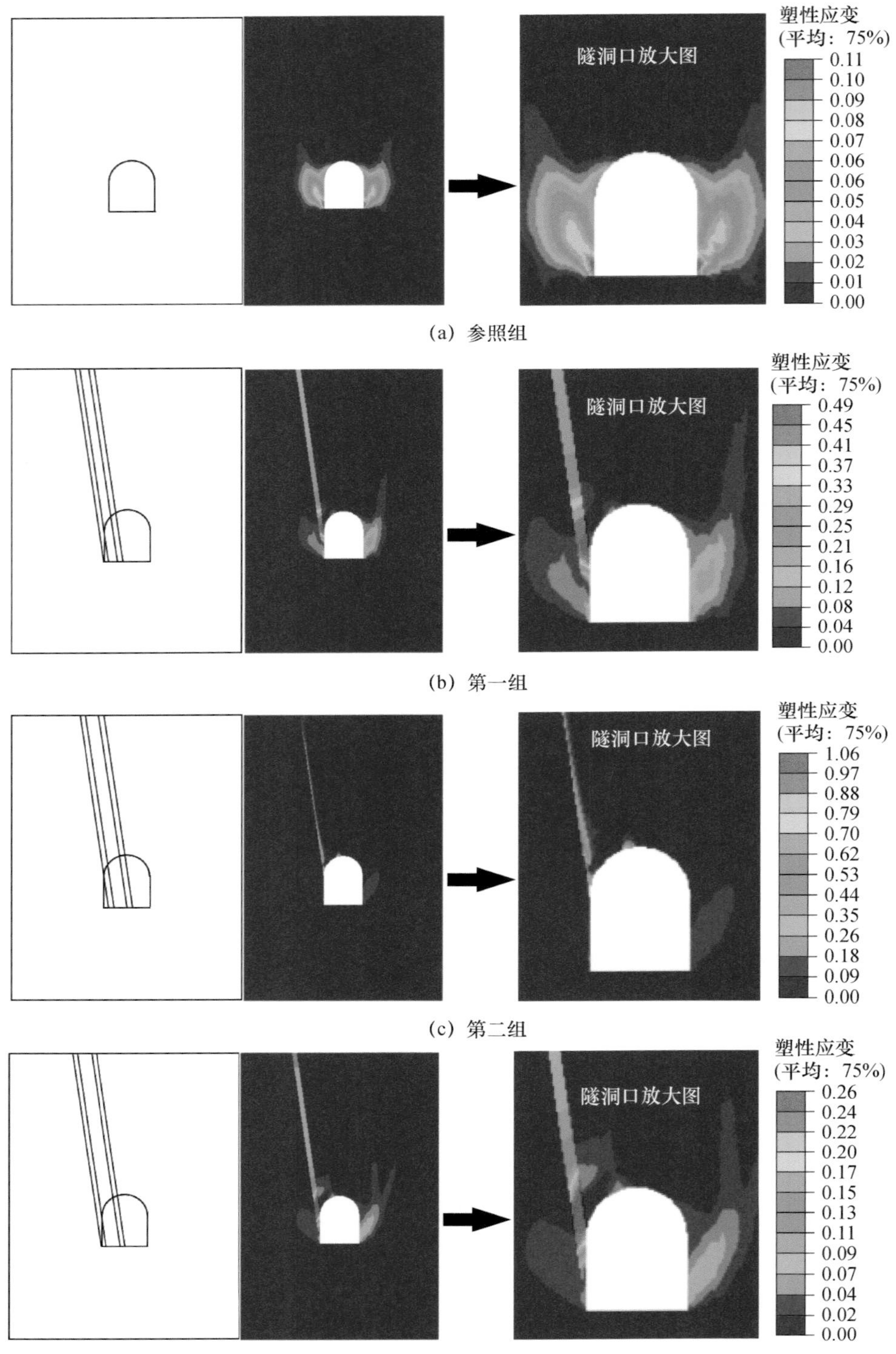

(a) 参照组

(b) 第一组

(c) 第二组

(d) 第三组

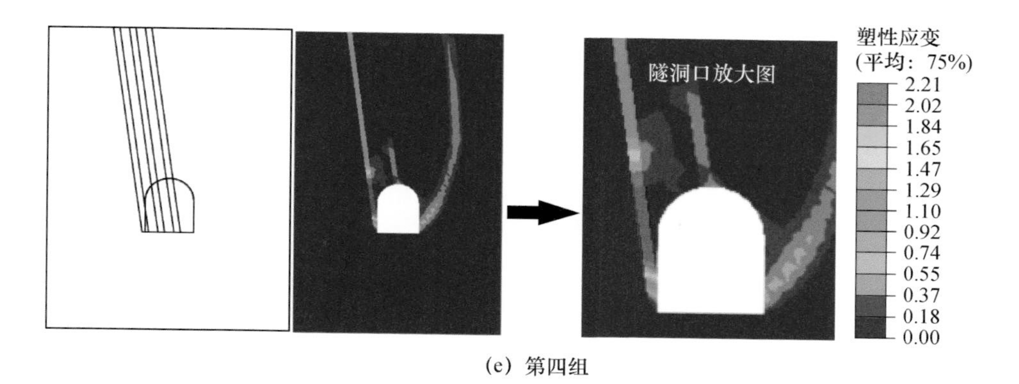

(e) 第四组

图 5.4 不同计算工况下破碎带分布情况及其对应的塑性应变云图

表 5.2 5 组破碎带条件下计算得到的隧洞安全系数

组数	参照组	第一组	第二组	第三组	第四组
安全系数	1.155	0.785	0.764	0.761	0.613

通过对比分析,得出以下结论:

(1)通过比较 4 组含破碎带模型与参照组模型的塑性应变云图和安全系数大小,易发现破碎带的存在会严重影响到隧洞进口围岩的稳定性,明显降低了隧洞安全系数,甚至造成资料描述中出现的左侧墙及左侧顶拱部位发生的塌方险情。

(2)比较第四组与前 3 组破碎带模型的塑性应变云图和安全系数,可发现破碎带的数量增加会较明显地降低隧洞安全系数,且右侧出现了一条近乎贯通的塑性应变带,这意味着破碎带分布范围越大,对隧洞进口的稳定性越不利。

(3)比较第二组与第一组的安全系数,可发现设置的两条破碎带更靠近隧洞中部时,隧洞安全系数稍降低,这是因为隧洞顶拱中部应力最大,对安全系数的影响较高。

(4)比较第三组与第一组的安全系数,可发现设置的两条破碎带间距更小时,隧洞安全系数稍降低,说明间距更小、更密集的破碎带分布会进一步降低隧洞进口的稳定性。

此外,还对无破碎带参照组和 4 组含不同分布情况破碎带的实验组进行了总位移、X-位移和 Y-位移的对比位移分析。如图 5.5 和图 5.6 所示,比较无破碎带参照组和含破碎带第一组的位移云图,可发现破碎带的存在会极大影响隧洞进口周围岩土体的位移情况。总体来看,当不存在破碎带时,其位移的情况比较均匀；当存在破碎带时，其初始应力场受破碎带影响明显，破碎带部分产生应力松弛，在破碎带处，尤其在 Y 方向上有着较为明显的不均匀沉降位移，直观地反映出了资料描述中出现的左侧墙及左侧顶拱部位发生的塌方险情。

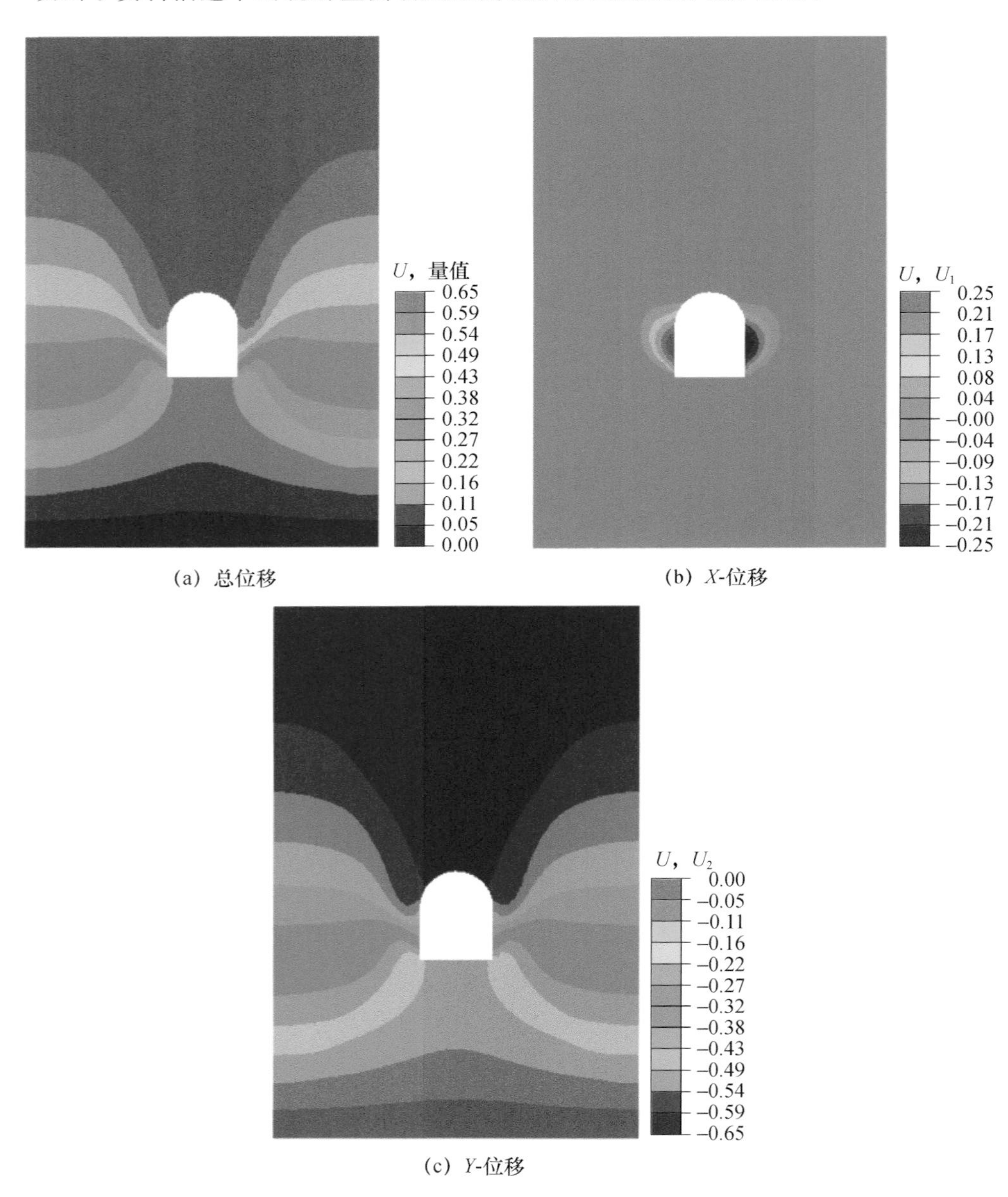

(a) 总位移　　(b) X-位移

(c) Y-位移

图 5.5　参照组隧洞位移分析

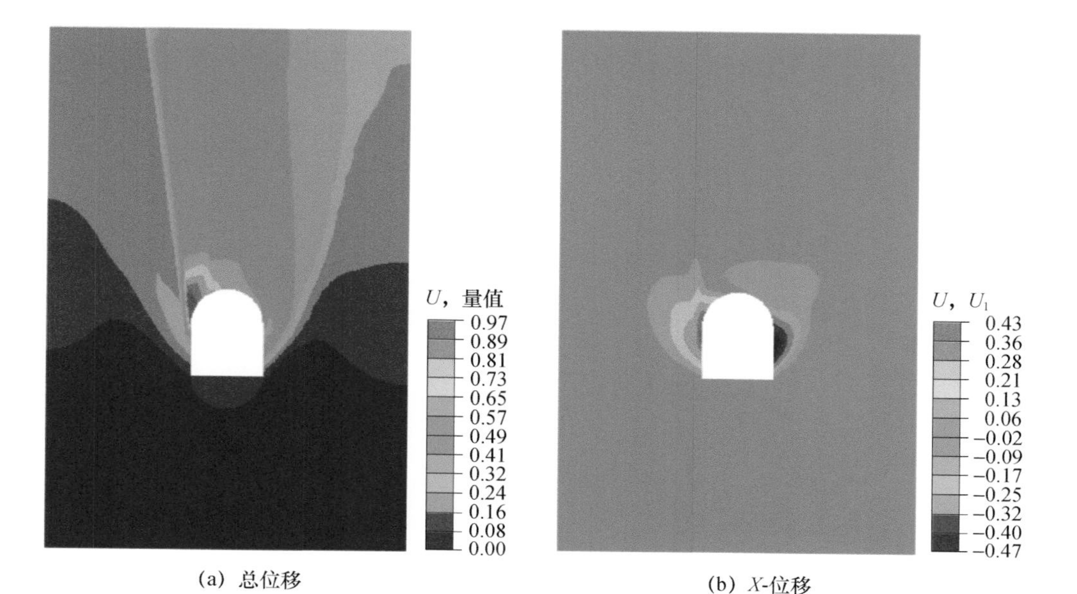

(a) 总位移

(b) *X*-位移

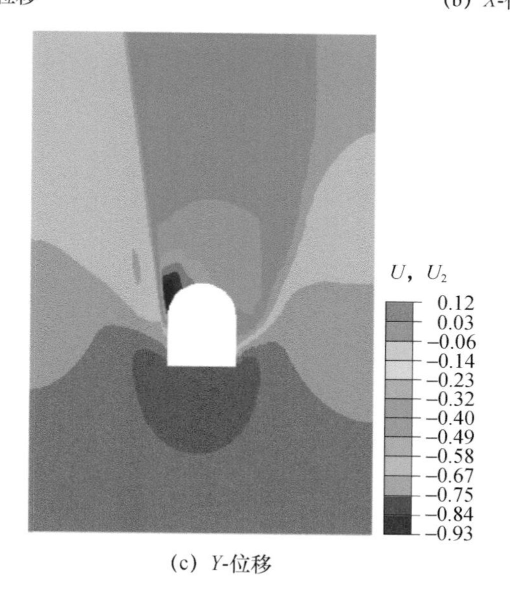

(c) *Y*-位移

图 5.6　第一组隧洞位移分析

如图 5.7 和图 5.8 所示，将第二组和第三组的隧洞进口周围岩土体的位移云图同第一组相比，可以发现第二组隧洞 *X* 方向上不均匀位移范围更广，这是因为第二组设置的破碎带位置更靠近隧洞中部，而隧洞顶拱中部的应力最大，对周围岩土体位移的影响程度最高，故此时破碎带的存在对隧洞稳定性更不利；而第三组隧洞 *Y* 方向的不均匀沉降范围更广，这是因为第三组设置的破碎带间距更小，分布更密集，破碎带影响隧洞进口周围岩土体沉降的作用更集中，导致发生沉降的岩土体向上方延伸范围更广。

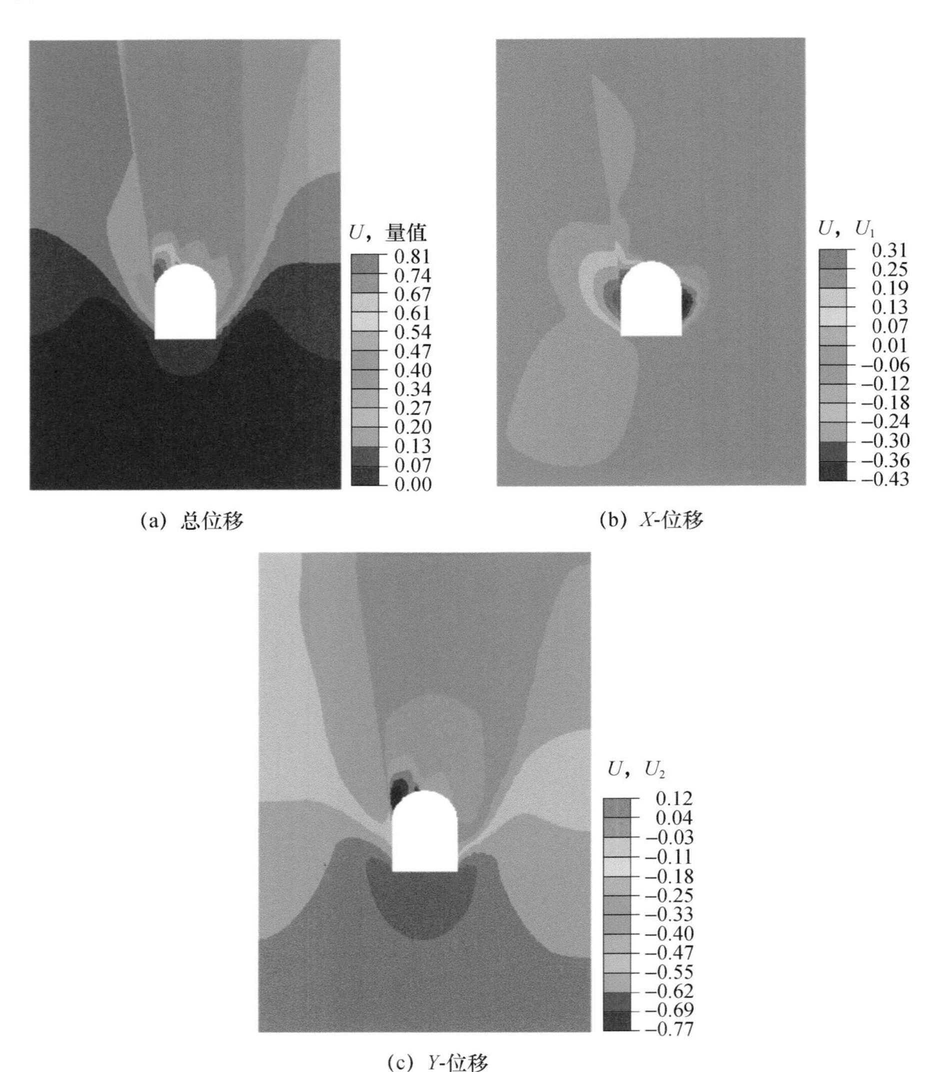

(a) 总位移　　(b) *X*-位移

(c) *Y*-位移

图 5.7　第二组隧洞位移分析

如图 5.9 所示，将第四组的隧洞进口周围岩土体的位移云图同第一组相比，可以发现第四组隧洞 X，Y 方向上的不均匀位移的大小、范围都明显变大，这是因为第四组设置的破碎带数量增加、范围变大，故破碎带对隧洞进口周围岩土体位移的影响范围更广，岩土体变形更大，发生塌方险情的概率亦大大增加。

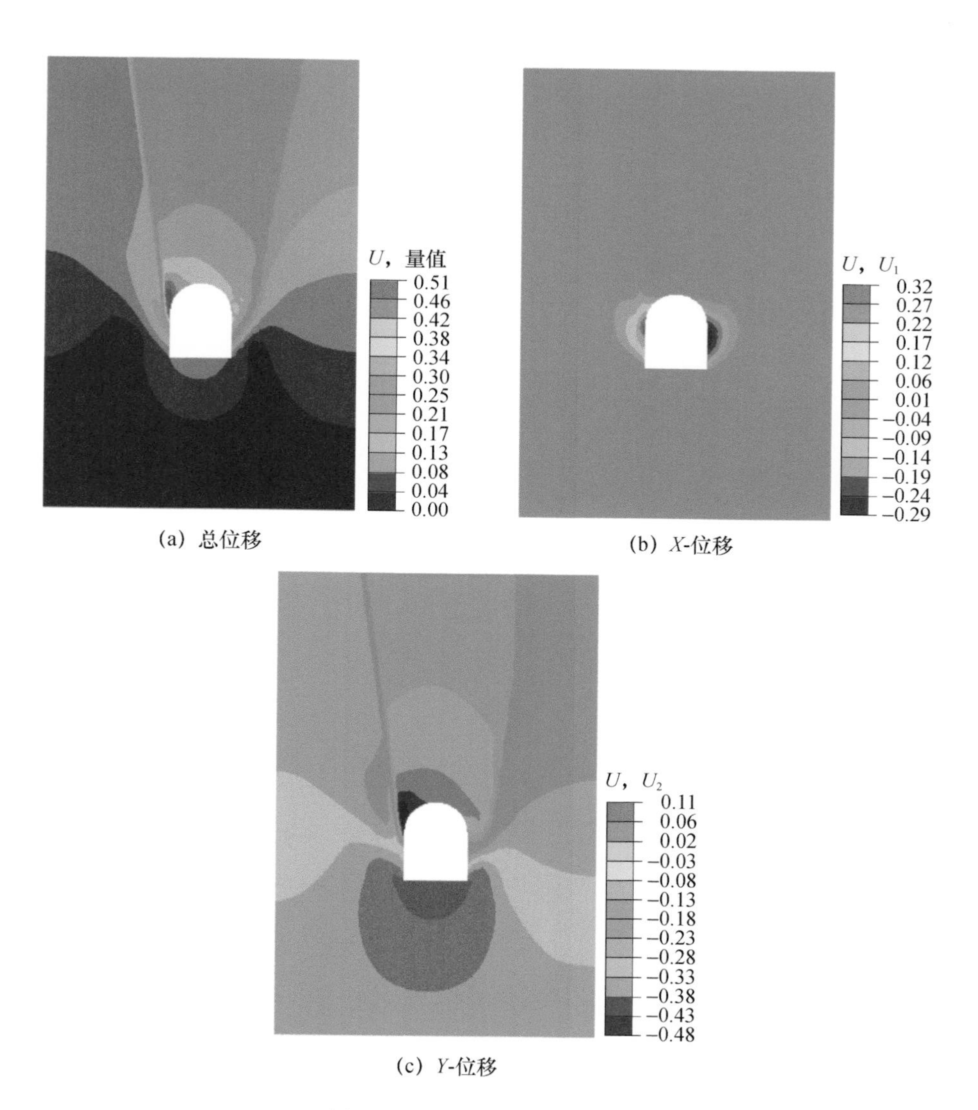

图 5.8 第三组隧洞位移分析

岗头隧洞进口周围有多条断层及破碎带，破碎带内有碎石、红黏土充填，有一组节理裂隙较发育。综上分析可以看出，隧洞进口的稳定性和安全性受断层破碎带的影响很大，破碎带的存在会使隧洞进口周围应力分布不均匀，塑性区域的范围、塑性应变和各方向位移均大于不存在破碎带的情况，且不同分布情况的破碎带对隧洞进口稳定性和安全性的影响程度和范围也存在较大差别。破碎带的存在和其复杂的分布情况是促成资料描述中出现的左侧墙及左侧顶拱部位发生塌方险情的主要因素之一。

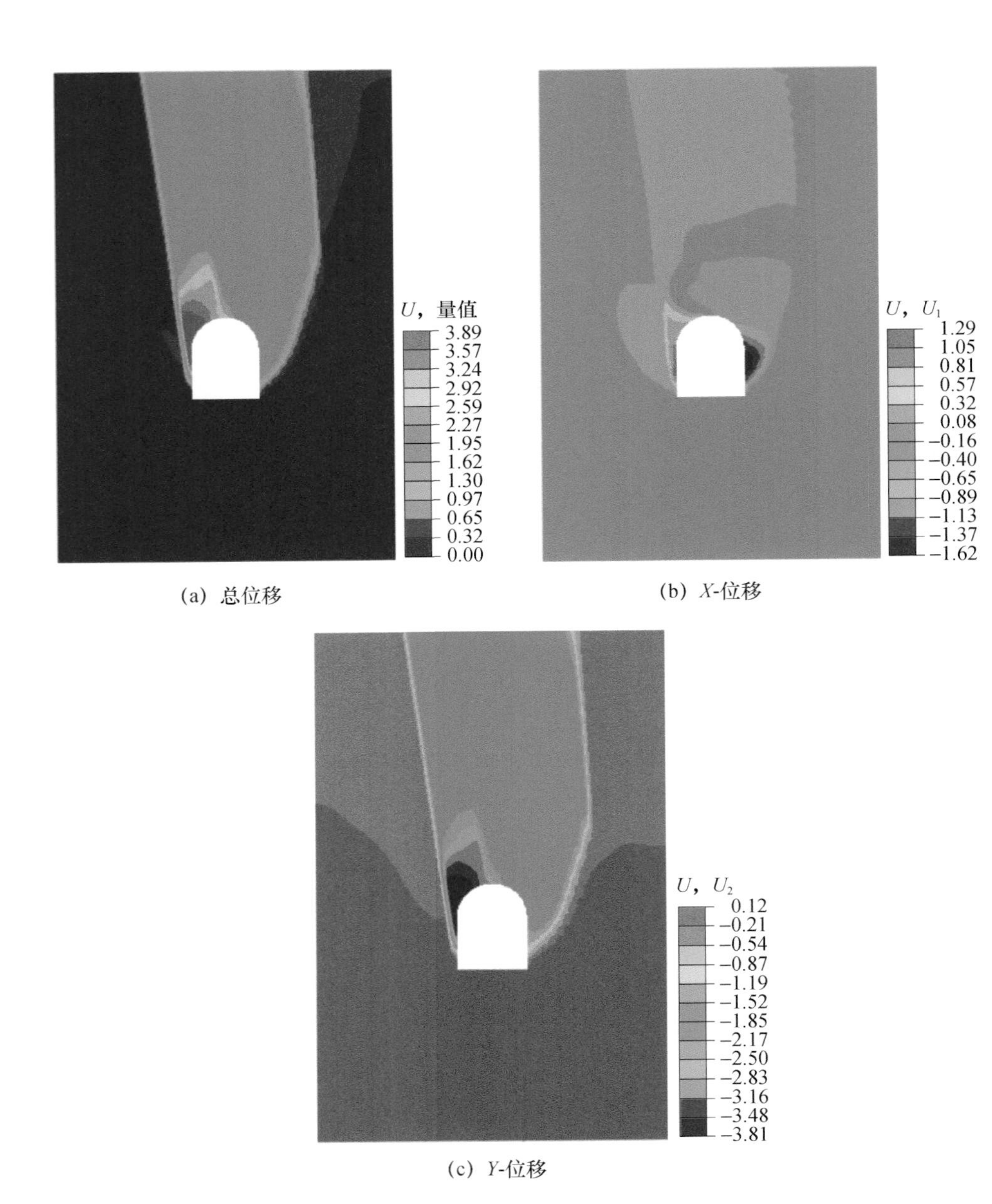

(a) 总位移

(b) *X*-位移

(c) *Y*-位移

图 5.9　第四组隧洞位移分析

5.5　隧洞塌方处理方案

隧洞塌方抢通的指导思想：多工作面作业、连续奋战、快速推进、以通为主。

根据隧洞塌方量的大小和自然灾害破坏的形式，抢通工作主要包括：先撑后挖、分层分段清理塌方体；随挖随支护，加固洞体，确保隧洞安全畅通。

5.5.1 现场查看

隧洞发生塌方后，立即派技术人员到现场查看隧洞破坏程度、塌方特征、边坡特征、地表水特征及其他可能发生的次生灾害等，初步确定施工方案，抢通使用设备、材料、人员工种，方便后续快速组织施工。

5.5.2 防水措施

隧洞洞口塌方一般都会出现山体滑坡，大量土石堆埋在洞口，一旦出现强降雨天气，塌方洞段因雨水冲刷易失稳引起次生灾害，对隧洞抢通工作造成阻碍，因此必须做好防水措施。

(1)在塌方体上部适当位置设置小型集水坑，集水坑修砌尽量采用滑坡山体附近的土石掺水泥，施工简单方便，在集水坑最低部位安放消防水带，将水引走，防止冲刷塌方体。

(2)在整个塌方体上部布置彩条布，将塌方体进行保护防止雨水浸入冲刷。

5.5.3 预加固措施

在隧洞塌方抢通行动的施工过程中应遵循先撑后挖的方式，利用钢管、钢板、木板等对垮塌的松散岩体进行预先支持加固，形成临时支撑，防止因上方松散碎石滚落，危及下方隧洞塌方抢通施工人员及设备。

(1)钢管用扣件连接成三角形支撑，固定在稳定的山体部位，空隙位置铺设钢板或木板，用钢丝绑紧，形成临时拦挡墙。

(2)在条件允许的情况下，人工装沙袋，堆砌沙袋形成拦挡墙。

(3)超前预注浆，固结塌方体等。

5.5.4 塌方体监测

在隧洞塌方抢通过程中安排有经验的技术人员，随时监测塌方体，如发现塌方体出现位移或碎石持续滚落，应立即预警，施工人员和设备及时避让。

5.5.5 塌方体开挖

塌方体采取“小塌清、大塌穿，快抢通”的施工原则，小的塌方洞段，采用挖机和装载机配合自卸车清理塌方体，对上方稳定性较差的山体或洞体进行支护加固，快速抢通隧洞，确保畅通；大的塌方洞段采用挖机开挖成一个临时坑道，坑道上方用钢管和钢板等做成“门”字形支撑，确保隧洞形成临时通道。开挖时采用分层分段、自上而下的方式开挖，如果施工条件允许，为保证快速抢通，应多工作面同时平衡作业。挖机开挖塌方体时一般分上、中、下三层开挖，上部开挖时，应先开挖两侧，预留中间核心土，可以对虚渣起到固定作用，也可以为安设钢拱架提供作业平台，每次开挖进尺不宜过大，一般不超过 1 m，具体视现场情况而定。上层开挖完成后，立即进行支护施工，然后进行中层开挖支护和下层开挖支护。开挖施工应尽量保持塌方体的平衡稳定性，减少对塌方体扰动，塌方土石用自卸车运至不影响施工的地方集中堆放，保护周边环境。

5.5.6 支护措施

根据塌方特征和洞体的破坏程度，支护措施由弱到强依次增加，主要有锚杆锚喷、超前小导管及拱架支护、超前管棚等措施。

(1)当塌方量和洞体破坏较小时，为保证隧洞塌方抢通时和抢通后的安全，在洞体破坏的位置进行锚喷支护，此种方法操作简单，施工快速，但是支护强度稍有不足。

(2)当塌方量和洞体破坏较大时，在锚杆锚喷支护的基础上，增加超前小导管及拱架支护。此种方法易于操作，支护强度大，在隧洞塌方抢通中可推广使用，效果较好。

(3)当塌方量和洞体破坏大时，在锚杆锚喷、型钢拱架的基础上增加超前管棚施工。

5.5.7 隧洞突水处理

当隧洞塌方伴随突水发生时，一般采取“防、排、堵、截”等方式进行处理。首先进行洞内降水和排水，由洞外向洞内清理、疏通排水设施，降低洞内水位，尽快满足施工条件；进行钻孔卸压施工，对涌水处钻孔分流，钻孔数目根据水量而定；当涌水口被分流且由集中流变为细流时即行封堵，钻孔深度根据现场围岩和实际情况而定，一般为 10～15 m。而后进行突水口引排、封堵，钻分流孔后，突水口水量相对变小，利用大直径带开关的钢管引排突水，同时在其旁边设置带开关的注浆管，接通注浆泵进行双液注浆封堵钢管周围部分，使突水只从钢管流出。最后进行注浆作业，关闭导水钢管开关，使突水全部从分流孔排出，进一步在突水处压注水泥浆加固，使突水处趋于安全，再由近及远逐次向分流孔内压注水泥单液浆，逐个封闭分流孔；涌水、突泥封堵完成后，进一步补强加固注浆，以确保注浆成果和洞身稳定。

第6章　综合结论

针对岗头隧洞进口段实际边坡工程,项目组采用有限元方法对边坡模型进行数值模拟,结合强度折减法求解出边坡的安全系数作为评价边坡稳定性的重要指标;利用随机有限元法获得三维边坡的相关参数进行数据分析,研究了土体的非均质性对滑坡体积的影响,指出了非均质特性对滑坡风险评估的重要意义;降雨入渗是边坡失稳的一个重要因素,本次选取3个典型剖面分别进行有限元分析计算,初步研究了降雨入渗对岗头隧洞边坡的稳定性及渗流场的影响,深入探索边坡失稳的深层原因;分析了地质条件、降雨、施工和多场耦合等因素对隧洞塌方的影响,利用有限元软件对比分析了不同分布情况的破碎带对隧洞进口稳定性和安全性的影响。

针对以上研究,得出以下主要结论:

(1)通过对比分析有无软弱夹层对边坡稳定性的影响可以发现,软弱夹层的存在大幅降低了边坡的安全系数,是导致滑坡的重要因素。

(2)探究安全系数对黏聚力和内摩擦角的敏感性,发现在其他情况不变的前提下,黏聚力与内摩擦角与边坡安全系数呈线性增加的关系。

(3)研究抗剪强度参数对于滑动面的位置以及面积的影响,强度参数的改变会引起滑动面及面积大小发生变化。

(4)在边坡抗滑桩设计中,当桩长较长时,将抗滑桩布设位置从边坡中部往坡脚偏移一定距离,抗滑桩加固效果将更显著。

(5)与确定性模式相比,土的非均质性对滑动体的体积有显著影响,基于平均强度的确定性分析结果可能导致有风险的设计或建议。

(6)假定土体在空间上是均匀的,则滑动体的体积将被低估,这说明具有非均质性的土体对滑坡危险性评估具有重要影响。

(7)在降雨冲刷下,边坡坡脚位置较为危险,受到较大的渗透力作用,边坡整体存在较大的失稳概率。

(8)降雨与软弱夹层的厚度共同影响边坡的稳定性。软弱夹层会降低边坡滑体的抗滑力以及安全系数，其厚度影响滑动面半径及位置。

(9)岗头隧洞周围边坡大多采用喷锚支护，而混凝土喷锚层的渗透系数很低(1×10^{-8} cm/s)，孔隙水压导致的渗透力会将喷锚层下方的土体从排水设施中冲出，导致喷锚层下方出现大量的空洞，同样会进一步诱发边坡失稳。

(10)隧洞进口的稳定性受断层破碎带的影响很大，破碎带的存在会使隧洞进口周围应力分布不均匀，塑性区域的范围、塑性应变和各方向位移均大于不存在破碎带的情况。

(11)不同位置的破碎带对隧洞进口稳定性的影响程度和范围也存在较大差别。破碎带的存在和其复杂的分布情况是促成塌方险情的主要因素之一。

通过与以往研究对比，本研究创新点为：

(1)针对岗头隧洞进口段实际边坡工程，建立复杂的三维数值模型，真实地反映了实际边坡的几何形态和空间特征。

(2)针对岗头隧洞进口段实际边坡工程，较真实地模拟了软弱夹层在坡体中的存在状态，探讨其对边坡安全系数的影响规律。

(3)考虑非均质土体的空间不均匀性对滑坡体积的影响，为进一步定量评估滑坡风险提供了有力依据。

(4)深入探讨降雨入渗对岗头隧洞边坡稳定性及渗流场的影响。

(5)结合岗头隧洞塌方现场情况，建立含破碎带二维隧洞模型，有效评价破碎带位置和数量对隧洞围岩稳定性的影响。

主要参考文献

陈林杰，郑晓卫，2013. 基于有限元强度折减法的地震区三维边坡稳定性分析[J]. 重庆交通大学学报(自然科学版)，32(03)：415-418，433.

程展林，龚壁卫，2015. 膨胀土边坡[M]. 北京：科学出版社.

桂蕾，2014. 三峡库区万州区滑坡发育规律及风险研究[D]. 北京：中国地质大学.

郭明伟，李春光，王水林，2012. 基于有限元应力的三维边坡稳定性分析[J]. 岩石力学与工程学报，31(12)：2494-2500.

李廷春，吕连勋，段会玲，等，2016. 深埋隧道穿越富水破碎带围岩突水机理[J]. 中南大学学报(自然科学版)，47(10)：3469-3476.

林鸿州，于玉贞，李广信，等，2009. 降雨特性对土质边坡失稳的影响[J]. 岩石力学与工程学报，28(1)：198-204.

刘垭均，2018. 基于流固耦合的边坡稳定性分析[D]. 成都：西南石油大学.

马建勋，赖志生，蔡庆娥，等，2004. 基于强度折减法的边坡稳定性三维有限元分析[J]. 岩石力学与工程学报，16：2690-2693.

马涛，2006. 浅埋隧道塌方处治方法研究[J]. 岩石力学与工程学报，S2：3976-3981.

毛少波，马宝祥，2019. 南水北调中线典型区段地质灾害分析[J]. 水科学与工程技术，43(216)：86-87.

汪成兵，2007. 软弱破碎隧道围岩渐进性破坏机理研究[D]. 上海：同济大学.

汪益敏，陈页开，韩大建，等，2004. 降雨入渗对边坡稳定影响的实例分析[J]. 岩石力学与工程学报，6：920-924.

王一兆，隋耀华，2017. 降雨入渗对边坡浅层稳定性的影响[J]. 长江科学院院报，34(4)：122-125.

王迎超，2011. 山岭隧道塌方机制及防灾方法[J]. 岩石力学与工程学报，30(11)：2376.

吴竞，2020. 南水北调中线漕河段及隧洞塌方原因分析[J]. 水科学与工程技术，44(219)：79-82.

徐友奇，2019. 南水北调中线石渠段施工爆破及超挖原因分析[J]. 水科学与工程技术，43(217)：70-72.

杨忠民，2019. 大变形诱发隧道塌方全过程分析及防治技术研究[D]. 北京：北京科技大学.

Chen H, Lee C,2003. A dynamic model for rainfall-induced landslides on natural slopes[J]. Geomorphology, 51(4): 269-288.

Chen L, Huang F,2016. The collapse mechanism and anchored effect of bolt-supported tunnel in soft ground[J]. The Open Civil Engineering Journal, 10(1): 759-767.

Formetta G, Capparelli G,2019. Quantifying the three-dimensional effects of anisotropic soil horizons on hillslope hydrology and stability[J]. Journal of Hydrology, 570: 329-342.

He K, Wang S, Du W, et al,2010. Dynamic features and effects of rainfall on landslides in the three gorges reservoir region, China: using the xintan landslide and the large huangya landslide as the examples[J]. Environmental Earth Ences, 59(6): 1267-1274.

Hovland H J, 1977. Three-dimensional slope stability analysis method[J]. Journal of the Geotechnical Engineering Division, 103(9): 971-986.

Huang J, Griffiths D V, 2015. Determining an appropriate finite element size for modelling the strength of undrained random soils[J]. Computers and Geotechnics, 69: 506-513.

Hungr O, 1987. An extension of Bishop's simplified method of slope stability analysis to three dimensions[J]. Géotechnique, 37(1): 113-117.

Kahatadeniya K S, Nanakorn P, Neaupane K M, 2009. Determination of the critical failure surface for slope stability analysis using ant colony optimization[J]. Engineering Geology, 108(2): 133-141.

Klar A, Osman A S, Bolton M,2007. 2d and 3d upper bound solutions for tunnel excavation using "elastic" flow fields[J]. International Journal for Numerical & Analytical Methods in Geomechanics, 31(12): 1367-1374.

Li N, Qu X, Yao X C, et al, 2012. Further researches on finite element method in tunnels with shallow overburden and loosen rock mass[J]. Chinese Journal of Geotechnical Engineering, 34(8): 1475-1482.

天津市冀水工程咨询中心有限公司简介

天津市冀水工程咨询中心有限公司(以下简称咨询中心)成立于1996年7月,是具有独立法人资质的全民所有制企业,拥有水利工程建设监理甲级资质,2015年通过ISO 9001质量管理体系认证。

咨询中心现有工作人员166名,其中有高级职称技术人员85人,初、中级职称技术人员81人。64人持有监理工程师资格证书(高级职称35人),11人持有造价工程师资格证书(高级职称7人)。涵盖水文、规划、水工建筑物、农田水利、工程地质、工程测量、水力机械、电气、工程施工、水土保持、环境保护、工程造价、咨询评估、合同管理等各类专业。

20多年来经过全体员工的不懈努力,积累了丰富的经验,创建了品牌,形成了多层次、多学科、跨行业的综合咨询能力。目前,咨询中心已取得了多个专业的甲级资质和乙级资质,并利用大数据资源建立了覆盖全部业务范围、较为健全的质量管理体系,顺利通过了ISO9001质量管理体系认证。

20多年的积累,咨询中心形成了众多的优势业务,包括各类水利水电咨询、评估、工程设计服务和建设监理项目740余项,涉及项目的总投资几百亿人民币,其中包括专项和区域规划编制、项目建议书、可行性研究报告、水利水电工程技术咨询、项目开发、项目转让;工程造价、工程审计、招投标代理、工程项目总承包、各等级工程的施工监理、水土保持工程施工监理及各类各等级水利工程建设环境保护监理、市政、园林绿化工程等。

目前,咨询中心正积极开展跨行业、跨部门、跨领域和多学科的课题研究,形成了具有自己特色的研究领域。截至2019年12月,累计开展各类规划咨询、报告编制及各类业务千余项,各大中型水利工程建设监理项目先后荣获国家和省部级荣誉20多项。

20多年来,咨询中心始终坚持“客观公正、科学可靠、诚信敬业、优质高效”的工程咨询原则和以“质量为本”的管理理念,以负责、敬业、精益求精的态度,优秀的技术队伍及过硬的业务工作能力，竭诚为项目业主提高投资效益，规避投资风险，提供高效优质的工程咨询服务。

主要职能：为投资者、工程项目业主提供高效优质的工程咨询服务。

规划咨询：专项规划、区域规划及行业规划编制；产业政策咨询；建设专题研究咨询。

项目咨询：项目投资研究、项目建议书（可行性研究）、项目可行性研究报告、项目申请报告编制、工程项目招投标技术咨询。

评估咨询：项目规划、项目建议书、可行性研究报告、资金申请报告、项目申请报告、初步设计评估、项目概决算审查、培训咨询服务，及其投资管理职能所需的专业技术服务。

展望未来，任重道远。为紧跟新时代行业发展趋势，我们继续优化业务结构，整合资源，为社会提供高质量、高效率、全方位的工程咨询服务；继续秉承“客观公正，科学可靠，诚信敬业，优质高效”的原则，竭诚为项目业主提供良好的服务！